硬件产品经理_{手册}

手把手构建智能硬件产品

贾明华 著

U0281531

电子工业出版社·
Publishing House of Electronics Industry
北京·BEIJING

内 容 简 介

随着物联网的快速发展，软件与硬件逐渐融合，硬件产品经理这个角色越来越受到大家的重视。本书主要对与硬件产品经理相关的知识进行了系统梳理，为大家介绍了什么是硬件和硬件产品经理，以及智能硬件产品经理这个新兴岗位的特点和发展。同时本书为读者介绍了物联网产品（也称智能硬件产品）在市场分析、需求分析、同类产品分析、产品设计、硬件方案设计、合作伙伴的选择方面的特点和方法，以及产品经理需要编写的文档。在此过程中还穿插了案例分析，帮助读者理解其内容。

图书在版编目（CIP）数据

硬件产品经理手册：手把手构建智能硬件产品 / 贾明华著. —北京：电子工业出版社，2020.9

ISBN 978-7-121-39266-5

Ⅰ. ①硬… Ⅱ. ①贾… Ⅲ. ①人工智能－产品管理－手册 Ⅳ. ①TP18-62

中国版本图书馆 CIP 数据核字（2020）第 133168 号

责任编辑：林瑞和　　　　　特约编辑：田学清
印　　刷：北京盛通数码印刷有限公司
装　　订：北京盛通数码印刷有限公司
出版发行：电子工业出版社
　　　　　北京市海淀区万寿路 173 信箱　　　　邮编：100036
开　　本：720×1000　1/16　　印张：14.25　　字数：230 千字
版　　次：2020 年 9 月第 1 版
印　　次：2025 年 4 月第 11 次印刷
定　　价：59.00 元

凡所购买电子工业出版社图书有缺损问题，请向购买书店调换。若书店售缺，请与本社发行部联系，联系及邮购电话：（010）88254888，88258888。

质量投诉请发邮件至 zlts@phei.com.cn，盗版侵权举报请发邮件至 dbqq@phei.com.cn。

本书咨询联系方式：（010）51260888-819，faq@phei.com.cn。

推荐序一

硬件产品经理的好时代

这几年在科技圈中，有一个奇怪的现象，越来越多的互联网公司开始涉足硬件产品领域。

2014年，亚马逊推出了Echo智能音箱，掀起了全球智能音箱大战。谷歌、微软、百度、阿里巴巴等全球科技巨头轮番上场，在智能音箱领域中展开了激烈的竞争。

2017年，谷歌高调宣布AI First的公司战略，连带发布了智能音箱、手机、耳机、相机等硬件产品。

或许有人会问：亚马逊、谷歌这两个互联网巨擘，怎么热衷做硬件产品了？是硬件产品更赚钱吗？显然不是。他们看重的是构建软件和硬件一体化的生态体系。

在互联网、移动互联网出现之后，一个软件与硬件交融、万物互联的大时代正在向我们走来。

在这个背景下，兼具软件知识与硬件知识的产品经理，在市场中显得更加抢手和耀眼。这本《硬件产品经理手册》无疑是这一背景下的一本应景之作。

这本书全面、系统地讲述了硬件产品经理的核心技能。

如果你是新入行的产品经理，这样实用的内容，能让你快速了解这个职业的方方面面。

作为一个科技爱好者，我希望中国有越来越多的、优秀的硬件产品经理，创造更多、更实用的硬件产品。

邹　霖

推荐序二

AI、硬件、硬件产品经理

近几年，人工智能领域成为全球的热点领域，但行业低估了硬件产品（载体）的重要性和价值；正如 PC 之于传统互联网、智能手机之于移动互联网，人工智能技术要想真正普及落地，很可能也需要新一代的硬件载体（不是智能音箱，可能是各种形态的服务机器人）。而硬件产品经理将成为这个细分领域最重要的推动力量之一，但目前社会对硬件产品经理的重视程度较低，硬件产品经理自身知识体系的梳理不够完善。在本书中，作者用"非技术语言"，通俗易懂地介绍了硬件产品经理在工作中会用到的需求分析、软件及硬件设计、合作伙伴的选择、产品文档的编写等方面的内容，可谓是硬件产品经理入门的实操宝典，同时本书也非常适合 AI 产品经理等相关从业人员阅读。

黄钊 hanniman

（"AI 产品经理大本营"创建人、前图灵机器人–人才战略官、前腾讯产品经理）

前 言

为什么会有这本书

笔者从 2016 年进入智能硬件行业，从软件产品经理转型为智能硬件产品经理。在这个过程中，笔者感触最深的就是智能硬件产品更加难做，这主要是因为硬件的学习门槛和成本都非常高。硬件行业极度缺乏产品经理这个岗位的系统知识，因此笔者主要是依靠"野蛮生长"的能力去学习相关知识。因为缺乏系统知识的输入，所以笔者在做硬件产品时比做软件产品更加艰辛和迷茫。

2018 年，笔者开始梳理与硬件产品相关的知识，并在网络上与大家分享交流，因此也意外收获了出版此书的机会。想到自己初做硬件产品经理时的迷茫，笔者决定将自己这几年学到的知识和经验分享出来，帮助新入行的伙伴进行快速、高效的学习；同时笔者认为系统地梳理一遍自己的知识体系，本身也是一种成长。

内容体系介绍

本书通过四章的内容为读者介绍了硬件产品和硬件产品经理的"往世今生"，同时介绍了产品经理需要掌握的知识，以及如何做一款软件与硬件相结合的产品。通过这四章的学习，读者可具备硬件行业的系统知识，进而快速、高效地了解并进入硬件行业。

本书主要从智能硬件产品的角度进行阐述，主要内容以与硬件产品相关的知识为主，与软件产品相关的知识虽然也做了基本的介绍，但并未详细展开。

第 1 章从什么是硬件产品及硬件产品的发展开始，为读者介绍了硬件产品的基本概念；同时介绍了基于物联网时代，硬件产品向着智能硬件方向发展及其特点；从产品经理这个角度，介绍了软件与硬件的结合，以及给产品经理带来的变化，主要包括纯硬件或纯软件产品经理与智能硬件产品经理的区别、特点、价值和发展，对于进入硬件行业的方法也进行了相应的分析。

第 2 章围绕着智能硬件产品经理所需的知识体系展开，详细介绍了软件架构、ID 设计、结构设计、模具设计与开发、电子电路设计、研发测试流程等方面的知识，以及经验和案例的分享。通过这些介绍，让读者对于做智能硬件产品经理的能力模型有一个基本的认识，同时让读者更加深入地了解硬件产品的特点。

第 3 章从如何做智能硬件产品的角度，为读者介绍了市场分析、需求分析、同类产品分析、产品设计、硬件方案设计、选择合作伙伴等方面的知识和特点，使读者具备分析、策划和设计智能硬件产品的能力。

第 4 章主要介绍产品经理在做产品的过程中，与团队协作时需要编写的相关文档。通过对相关文档的受众、内容架构及编写注意事项等方面的介绍，使读者具备编写实际执行资料的能力。

在阅读本书时，笔者建议读者同时阅读《小米生态链战地笔记》和《硬战》。这两本书在硬件行业的发展、商业模式分析、产品生态分析、商业价值本质分析、公司管理、整体规划、产品方向分析、产品矩阵管理、生态链价值等方面做了宏观的解读。本书则以通俗易懂的方式分析并讲解了硬件产品从无到有的实践过程和相关知识，如果读者是与硬件行业有关的产品经理、创业者、管理者，那么本书将是读者涉足硬件产品领域的一本必备手册。本书会帮助读者从产品设计、产品研发等方面深入了解硬件产品和行业的详细内容。结合这三本书的内容，不仅可以使读者了解与硬件行业相关的知识，还能使读者具备真正的落地实践能力。

致谢

有幸能在三个爸爸、迈外迪和齿轮易创这三家公司效力，感谢各位领导给了我工作、学习和成长的机会，没有他们也许就没有本书的面世。也要感谢周大苏和任明肖两位领导，是他们带我进入产品经理的大门，他们不仅是我的领导，更是我工作中的良师益友。

本书能够出版要感谢电子工业出版社的林瑞和老师，林老师给予了我这次机会，更重要的是给了我能够系统梳理知识体系的动力。

非常感谢许姗姗、李亚楠、刘君杰、赵漫四位同学对本书的试读、校对和优化。

最后感谢我的家人，感谢你们对我的支持。

作者简介

贾明华，智能硬件产品经理，主导过多个智能硬件产品、物联网产品、软件产品的设计、研发和项目落地。

微信号：3349161296

公众号：智能硬件产品汪

【读者服务】

扫码回复：（39266）

● 获取博文视点学院 20 元付费内容抵扣券
● 获取免费增值资源
● 获取精选书单推荐
● 加入读者交流群，与更多读者互动

目 录

第 1 章

认识硬件产品经理

本章为大家重点介绍硬件产品和硬件产品经理的概念，讲述做硬件产品和硬件产品经理的核心问题及行业发展历程。

1.1　什么是硬件产品

在很多的定义中，"硬件"通常是指计算机的物理装置，这是因为在计算机面世后，"软件"的概念应运而生，相应地，有了"硬件"的概念。但是笔者认为这样定义"硬件"有些狭隘。

在人类文明诞生后，人们就创造发明出了很多物品，它们以实体的形态存在于我们的现实生活中。假如在互联网或数字世界中创造发明的虚拟产品叫作软件产品，那么在现实生活中创造发明出来的这些看得见、摸得着的物品都应该被统称为硬件产品。例如，桌椅、文具、生活用品等。

基于上述对硬件产品的理解，可以发现，我们生活在一个充满硬件产品的世界里，并且我们每个人都曾制造和使用过很多硬件产品。在这里大家可以回想一下，你曾经制造过哪些硬件产品，你制造它们的时候是出于什么目的？需要什么资源或材料？需要付出多少时间和金钱？你需要具备什么能力和知识？你需要考虑哪些因素？以及你所制造的硬件产品给你带来了什么价值？

请不要说你没有制造过硬件产品，请你好好想想儿时你做的那些弹弓、风筝、沙包……他们算不算硬件产品？在制造它们的时候，你是否从上述方面考虑过？

也许此时你在好奇我为什么会让你想这些问题，其实我想向你表达的是硬件产品经理在做产品时需要考虑的核心问题有哪些，以及这些问题在我们以往的生活经历中是否存在，引导你回想在以前，你是如何解决这些问题的。这些经历和经验在我们做硬件产品时都是非常具备参考和指导价值的。

就如苏杰老师的书名一样——人人都是产品经理，我们每个人都制造过很多硬件产品，在制造硬件产品时，我们所面临的问题和解决问题的思路都是一脉相承的。

1.2　从硬件产品到智能硬件产品

随着时代变迁，我们已经从原始的石器时代发展到了现在的信息化时代，如图 1-1 所示，在每个时代中人们都制造了不同的硬件产品。随着时代的发展，这些硬件产品也随之越来越复杂，到现在已经有很多硬件产品被我们称为"智能硬件"了，下面我们就一起来看一下不同时代的硬件产品发生了哪些变化，以及被我们称为"智能硬件"的产品是否真的智能呢？

图 1-1

（1）石器时代

石器时代是指人们以石头为工具的时代，那时人们只能用石头、木材、泥土、骨头等原始材料制作简单的工具。当时的人们主要通过削、切、磨、烧等工艺将原始材料加工成生活用品或武器。按照我们上述的定义，原始人制造的工具也算是硬件产品。在当时，制造这些硬件产品的原始人需要掌握不同材质的特性及加工不同材质的工艺。回想一下，这个时期的原始人所具备的知识是不是与我们儿时制作各种玩具时比较相似呢？

（2）青铜、铁器时代

在青铜和铁器时代，人们在石器时代的技术基础上进一步认识了更多的材料，掌握了更多的加工技术，通过将青铜、铁等经过高温熔化后铸造成生活中使用的物品或武器，提高了人们的生产力水平。这一时期的人们，比石器时代的人们掌握了更多物质的形态变化和使用方式，在技术和知识上有了更多的积累。这个时期的人们的知识储备与少年时期的我们比较相似，具备了一些材料形态转化的知识和使用方法。

（3）蒸汽时代

经历了青铜、铁器时代的发展，人类掌握了更多材质的运用技能，也累积了不少制造硬件产品的经验，在这一基础上人类逐步进入了蒸汽时代。在这个时期，人们运用水、火、铁器、机械、动力等多方面的知识发明了新的硬件产品。汇聚了多个维度的知识、具有时代意义的核心硬件产品——蒸汽机出现了，这个时期的人们就如同我们通过电池、马达等设备去组装一个玩具车一样，逐渐地掌握并运用不同维度的知识和技术去打造一个综合性的硬件产品。

（4）电气时代

在这个时代，人们发现了无形的能量——"电"，进而发明了电灯等硬件产品，这使人类进入了全新的时代——电气时代。在后来的日子里，电话、计算机等各种硬件产品逐步被发明出来，给我们后来的信息化时代奠定了基础。在这个时期，制造一个产品除了要具备那些可以看得见的材料及需要的技术和知识，同时还要具备与电相关的技术和知识。这个时期的人们和青年时期的我们一样，不仅掌握了现实世界那些可以看得见、摸得着的知识，还逐渐掌握了那些看不见、摸不着的知识。

（5）信息化时代

人们从工业化时代逐步进入了信息化、数字化的时代。在这个时代，人们可以自由高效地管理和传递数字化信息，人们也将很多的知识和事物转换成数字的方式保存在我们的网络和各种存储设备上。这是一个全新的时代，它不仅改变了我们的生活，还改变了我们现实生活中的很多硬件产品。在以往的各个时代中，绝大多数的硬件产品都是相互独立的，它们通常不会互联互动，而现在基于电子技术、信息技术、软件技术等相关技术的结合，越来越多的硬件产品开始具备了互联互动的能力，以更加自动化、智能化的方式出现在我们的生活中。在一个又一个时代的变迁中，硬件产品也在一步一步地进化，也许等到下一个时代，这些硬件产品将会以另外一种形态或模式出现在我们的生活中。

面对不断更新迭代的技术，做一款硬件产品的方式也在不断变化，现在的硬件产品基本都与互联网接轨，以期发挥更大的价值。硬件产品经理也将面临巨变，其需要将硬件和软件结合起来。本书有一个很大的目标，就是希望能成为一个纽带或平台，将更多硬件产品经理和想成为硬件产品经理的朋友联系到一起，相互交流学习。

1.3 智能硬件产品的特点

智能硬件产品和传统硬件产品在产品特性上有所不同，二者存在着一些差异。智能硬件产品在用户角度、场景角度、产品角度、研发角度都有其自身的特点，如图1-2所示。

图 1-2

1.3.1　用户角度

智能硬件产品在很多方面都有区别于传统硬件产品的地方，下面我们从用户角度来看一下智能硬件产品对用户的影响有哪些。

（1）设备联网

相比于传统硬件设备插电即用的方式，智能硬件产品通常都多了一个联网配对的动作，由于网络本身的验证机制及在联网模块和联网流程设置的问题上，用户经常会联网失败，这给用户带来了很多困扰和麻烦。经过近年来的发展，各个智能硬件厂商对这个问题越来越重视，越来越多的入网协议支持智能设备的快速连接，从而逐步减少用户在联网操作上的难度，极大地降低了使用门槛。

（2）交互方式

智能硬件产品在交互方式上增加了 App 操控、语音操控、事件触发等方式。从之前单纯的被动执行，逐渐增加主动交互功能。虽然这几种方式可以提高用户的体验和使用效率，但是如果使用不当也会给用户带来烦恼。当智能硬件产品拥有更多功能时，同样需要注意是否会给用户带来烦恼。之前看到一个评论："家里的扫地机器人经常被困在某个地方出不来，扫地机器人一直通过 App 给他推送消息请求帮助。"本来是为了方便用户的智能硬件产品，却成了信息轰炸的机器。那些智能音箱也不让人省心，有时突然半夜传来笑声，让人毛骨悚然。

1.3.2　场景角度

每种智能硬件产品的使用场景有所不同，有的在卧室、有的在客厅、有的在厨房、有的在白天使用、有的在晚上使用，不同的应用场景对智能硬件产品有着不同的影响。智能硬件产品依靠大数据分析、云计算等技术拥有强大的信息处理和计算能力，依靠这些能力，智能硬件产品可以根据不同场景、不同用户做出不同的反应，从传统的、机械性的能力转变为更加人性化、个性化的服务。例如，傍晚开灯和半夜开灯，根据不同的场景，智能硬件产品会自动调节灯的亮度，从而避免出现"亮瞎眼"或"不够亮"的情况。

1.3.3　产品角度

智能硬件产品在价值体现方面可以分为两种类型：一种是和传统硬件一样，其价值主要体现在硬件本身的功能和性能上，如智能家居类产品的感知设备和执行设备；另一种我们称之为"管道型"产品，这类产品的硬件部分主要是作为一个"管道入口"，通过网络将云端的能力和资源输出，从而实现用户所需的价值，这类产品的代表就是智能音箱，它们的价值主要是体现在云端的能力和资源上，而非硬件本身的功能和性能上。

从产品盈利角度来说，纯硬件类的产品卖的主要是硬件本身，所以这类产品赚的是硬件的毛利。"管道型产品"主要的价值在于云端的能力和资源，所以硬件本身的利润就不是特别重要。在这类智能硬件产品中，通常硬件本身是不赚钱的，有时甚至会赔钱，真正赚钱的是硬件产品背后所提供的能力和资源，又或者是它所支撑的生态体系，这也就是很多智能音箱可以赔钱卖，而蓝牙音箱就不可以赔钱卖的原因。

1.3.4　研发角度

智能硬件产品是硬件与软件结合的产物，硬件和软件本身存在着很大的不同，硬件产品的研发通常是在前期详细规划后，产品一次性成型，而软件产品则需要不断更新迭代、持续优化。软件产品和硬件产品显然有着两种不同的研发方式，作为两者结合的产品应该综合考虑软件和硬件结合的问题，如产品定义、实现方式、联调测试、研发节奏等。

1.4　智能硬件产品真的智能吗

在智能硬件产品的概念出现之前就有很多软件和硬件结合的产品了，为什么智能硬件产品这个概念现在才被普及呢？我们可以从以下几个方面进行分析，看智能硬件产品到底比以往的硬件产品智能在哪里。

"智能"通常被认为是智力和能力的总称。一般认为，智能是指个体对客观事物进行合理的分析和判断，有目的地行动和有效地处理周围环境事宜的综合能力。认知科学家霍华德·加德纳对"智能"做出了较为详尽的分析，他总结："一种人类智能必定伴随着一组解决问题的技巧，使人能够解决自己所遇到的实际问题或困难；如果需要的话，还能使人创造出有效的产品；必要时还能调动人的潜能以发现或提出问题，从而为掌握新的知识打下基础。"基于对上面的理解，笔者认为，智能是人们利用已有的知识储备，根据实际目标，通过推理、分析、对比等方式做出判断，从而有效地解决问题或达到目的，并有能力自主学习和吸收总结新的知识，将其运用到后续问题的处理上。我们可以抽象地处理几个关于智能概念的关键词，如图 1-3 所示。

图 1-3

虽然不能保证每个人对智能的理解都与上述定义一样，不过我们先按照上述有关智能的定义来分析以下产品算不算智能。

我们先来看看最传统的硬件产品，如图 1-4 所示。

图 1-4

图 1-4 中的这些产品是在我们生活中很普遍的硬件产品，很明显这些硬件产品不属于智能硬件产品，因为这些产品只是通过人类的操作和控制实现一些功能和作用，并不能依靠技术进行信息的分析和处理，因此，它们不属于智能硬件产品。

既然这些硬件产品，不属于智能硬件产品，那么集成了电子设备和软件系统的常规家电等产品算不算是智能硬件产品呢？我们还是先来看看这类产品的代表产品，如图 1-5 所示。

图 1-5

图 1-5 中的这些电器设备都具备了简单的软件系统，具备了简单的逻辑判断能力，可以根据环境的变化或人为主动操作进行控制。虽然这类产品比纯硬件产品更加复杂、更加自动化，但是依旧不能称之为智能硬件产品，因为这些硬件产品所表现出来的自动化能力均是人们通过写好的程序来实现的，它们本身不具备学习及通过知识做出推理判断的能力。

如今，智能硬件产品已经为人们所熟知，但是大家所说的智能硬件产品到底是不是真的智能呢？在笔者看来，当前的硬件产品还不能算是真正的智能硬件产品。目前我们所接触到的"智能硬件"绝大部分只是在传统的硬件设备或电子设备上增加了联网通信的能力，通过云端实现了更复杂的逻辑判断能力、远程操作能力及多设备之间的协调联动能力，但是他们依旧没有具备自主学习和知识泛化总结的能力，如图1-6中所示的"互联网+"设备的产品类型。

图 1-6

还有一部分基于语音语义、机器视觉、知识图谱技术的硬件产品或软件产品（如图 1-6 中所示的"AI+"设备的产品类型），或许当前它们可以被称为智能产品。虽然这类产品在一定程度上可以根据已有的条件或知识，实现一定的推理和判断，并且在某些方面是可以通过人们设置的条件自动泛化知识和学习知识，但是这些任务的目标都是人设定的，而不是它们自主产生的，所以这些基于统计学和概率学的技术是否可以被称为智能，并没有一个可以让大部分人都信服的答案。或者我们当前认为的"智能"在未来某个时刻，技术发展到更高的维度后，就像我们从现在的角度回看历史中的那几次 AI 浪潮一样。

本书的目的主要是想告诉那些刚入行的朋友，智能硬件产品其实并没想象的那么智能，也没有想象的那么神秘，它只不过是比以往我们常见的硬件产品集合了更多的功能和技术而已。

1.5　智能硬件系统概览

智能硬件系统大致分为 7 个关键部分（见图 1-7），本节主要为大家简单介绍云服务、网络通信、处理器/PCB（Printed Circuit Board，印刷电路板）、传感器、执行器、本地系统及实体/壳体结构。通过对这几部分的介绍，帮助大家建立起对智能硬件产品的初步认识。在后续章节中，笔者将为大家详细介绍上述 7 个关键部分及其他内容。

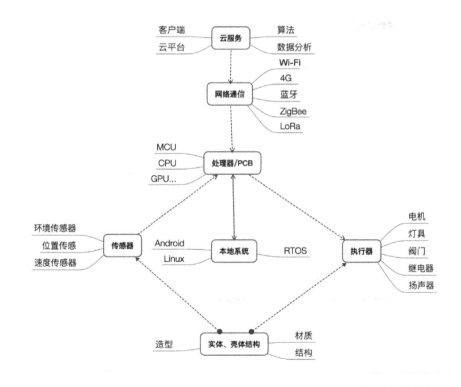

图 1-7

（1）云服务

在前面我们说过，随着科技的发展，越来越多的硬件产品都连接了网络，其实连接互联网只是一个动作，这个动作最终的目的是使硬件产品与云服务器及其他互联网设备紧密联系，从而能够获得更多的能力。

服务器作为互联网中的大脑，通常以"云"的方式为互联网设备提供强大的计算能力和数据存储能力。传统的电子设备受限于本地计算能力和储存能力，无法运行复杂的程序和存储更多的数据，给用户提供更好的服务。大多数设备都不具备联网的能力，因此它们也无法与其他设备进行协同工作，设备的能力便受限于设备本身。如今，物联网的出现使很多设备都具备了"云"的能力，设备之间可以利用云服务器进行互通协作，将多种数据在云服务器中进行融合处理和储存，使设备具有更多的能力。

基于通过物联网互通互联的能力，用户可根据需求在物联网系统中添加所需设备，从而灵活地满足各种需求。因为连接上了网络，所以设备和用户之间也增加了更多的交互方式，从传统的直接操作硬件产品，变成了 App 远程操控、语音控制等，极大地方便了用户。

（2）网络通信

网络通信是设备和互联网之间的通信管道，不同类型的设备对管道的要求不同。通常物联网通信技术可以分为大速率–小范围、小速率–小范围、小速率–大范围三种。

大速率–小范围的通信技术通常运用在音频、视频等文件传输的设备上，如摄像头、手机、电脑、文件存储服务器等设备，此类通信技术在具备大速率的同时也产生了较高的能耗，所以这些通信技术通常运行在具备较大容量电池或有源供电的设备上。

小速率–小范围的通信技术一般应用于家居类产品，这类产品一般数据量较小，通常具备十几 KB 到几十 KB 的速率即可满足。在此类场景中使用 ZigBee（紫蜂，一种通信技术）、433（一种通信频段，一些通信技术使用此频段）等通信技术较多。

小速率–大范围的通信技术通常是运用在智慧城市、智慧农业这种大范围的区域物联上，在应用场景中常用的通信技术主要有 LoRa 和 NB-IOT 两种。应用场景的主要特点是设备数量多、分布广且数据量小。

（3）处理器/PCB

当设备需要处理较多的计算任务时通常使用 CPU 作为处理器，如机器人、集成网关，以及以软件功能为主的产品，因为 CPU 具备较复杂的任务处理和计算能力。一般的传感器、执行器和其他功能简单的设备，通常使用 MCU（Microcontroller Unit，微控制单元）作为处理器。目前也有一些做机器视觉的镜头设备在前端结合小型的 GPU（Graphics Processing Unit，图形处理器）方案使用。

PCB 作为重要电子部件，不仅承载了处理器管脚的外部延伸，同时也承载了所有电子设备的连接任务。根据不同的电子元器件数量将 PCB 分为单层、双层和多层。

（4）本地系统

本地系统是指运行在设备上的系统，常用的系统有 Linux、Android、RTOS、Windows 等。如果处理器是设备的大脑、PCB 是设备的血脉，那么系统就可以比喻成设备的灵魂，它是负责管理计算机硬件与软件资源的计算机程序，有了它我们才能利用硬件设备获取数据，并通过计算判断，输出结果。

（5）传感器

传感器是一种检测装置，能够将现实世界中的信息转换成数字信号。通过它，我们可以将现实世界中的信息转换成数字信息传送到计算机中进行处理。物联网产品中的大部分产品都是传感器设备。这些设备主要有环境类传感器、生物类传感器、速度类传感器、气敏类传感器、化学类传感器及简单的开关类传感器等。

（6）执行器

执行器可以理解成是人们的四肢，它和传感器的概念正好相反。传感器是将现实世界中的信息转换成数字信号输入计算机中，而执行器则是将数字信号转换为现实世界中的各种动作。常用的执行器有带电机、灯具、阀门、继电器、扬声器等。

（7）实体/壳体结构

实体/壳体结构是指各种设备的内部支撑结构和外部壳体部分。实体结构作为产品的内部支撑结构，好比人体骨架，它的好坏直接影响产品的质量和稳定性，同时也影响产品的成本和组装难度。壳体作为产品的外在部分，就好像人类皮肤，不仅对产品内部起着保护作用，同时它的外观也直接影响产品的销量。

1.6　智能硬件产品经理简介

如今，硬件产品向着"智能化"方向发展已成为必然的趋势，本节就以智能硬件产品经理与软件产品经理、硬件产品经理的区别为主题，给大家介绍一下软件产品经理和硬件产品经理的特点。可能你会疑惑，为什么要通过软件、硬件产品经理与智能硬件产品经理对比的方式来介绍呢？

其实本章开头就已经说明了原因，硬件产品智能化是大趋势，且智能硬件产品的研发包含硬件和软件两部分，那么知道了智能硬件产品经理和软件产品经理及硬件产品经理的区别后，其实也就等同于介绍了硬件产品经理。并且我相信新入行的硬件产品经理以后大多都会接触到智能硬件产品，所以从智能硬件产品经理的角度去介绍硬件产品经理是一种比较合适的方式。

软件行业中的产品经理已经细分出来很多领域，如策略产品经理、SaaS 产品经理、供应链产品经理、电商产品经理等，我们从招聘网站上可以看到各家企业在招聘产品经理时大多会注明其行业相关的硬性要求。软件产品经理需要的是某个领域内的细分能力和经验，知识体系在于"深"，软件产品经理需要深耕一个领域的知识，成为一个领域的专家。

智能硬件行业是软件行业和硬件行业相互结合、交融所催生的一个行业，目前正处于快速发展期。智能硬件产品经理与软件产品经理最大的区别在于知识面的广度不同。智能硬件产品经理除了需要了解需求、了解用户、了解市场之外，更重要的是了解软件行业和硬件行业的特性，能够进行综合性思考。针对一个产品，分别考虑软件和硬件的角色和价值，从而去规划和设计产品。因为涉及软件和硬件的融合，所以需要智能硬件产品经理具备非常广的知识面，管理两个不同行业的人和事，推动项目的最终落地。

1.7　智能硬件产品经理的三种类型

不同类型的智能硬件产品经理对应着不同的产品模式和侧重点，智能硬件产品经理大致可以分以下三类，如图 1-8 所示。

软件转智能硬件　　　　硬件转智能硬件　　　　"软硬兼备"的规划者
软件为主，硬件为辅　　　硬件为主，软件为辅　　　软硬通吃的全局思考者

图 1-8

（1）软件转智能硬件（软件为主，硬件为辅）

软件转智能硬件的产品经理所负责的产品多数是以软件功能或内容为主的，典型的例子就是智能音箱和儿童机器人。硬件对此类产品只是一个载体或管道，其核心价值是强大的功能、优质的体验及丰富的内容。这类产品通常是由互联网公司发起的，联合硬件方案商共同研发，负责此类产品的产品经理就是软件转智能硬件的产品经理。这类产品经理的主要工作是设计软件部分的产品形态和功能，定义硬件的基本需求和形态，然后由硬件方案商给出硬件设计方案并研发硬件。

此类智能硬件产品经理的核心能力是以软件定义硬件，具备硬件研发的基本知识，能够独立负责产品的生产管理和销售维护。在工作内容方面，除了软件部分，还包括以下两部分：第一，在硬件研发上，主要是与方案商深度沟通与跟进，确保硬件可以满足其软件所需的支撑能力，并对硬件方案的设计做出评估和确认；第二，在生产上，通常是直接与代工厂进行合作，因此需要涉及代工厂的审厂选厂、合作方式的确定、品质的检验和管理、生产排期、成本控制等方面。

（2）硬件转智能硬件（硬件为主，软件为辅）

硬件转智能硬件的产品经理所做的产品多是以硬件价值为主，软件价值为辅。例如，空调、空气净化器、洗衣机、门锁等，硬件所提供的功能是产品的基本价值也是产品的核心价值，而软件所提供的远程控制、自动控制等功能只是产品的附加价值。

这类智能硬件产品经理注重的是硬件的能力，如硬件方案设计、元器件选型、电子原理、工艺制造、生产管理、成本控制等。在软件方面当然也不会太深入，他们基本是规划大致的核心功能，由合作的软件公司或部门负责具体的软件设计和开发，通常这类的产品在软件体验和稳定性方面都存在不少问题。

（3）"软硬兼备"的规划者（软硬通吃的大佬级别）

"软硬兼备"的产品经理通常是 VP 级别的大佬，他们具备软件行业和硬件行业的技术知识；了解行业和市场、具备综合的市场洞察力；能够从更高、更广的视角去发现市场和机会；能够合理地规划产品的软件和硬件部分，并在两者之间找到产品的平衡点。

在未来一段的时间内，"软硬兼备"的产品经理将会是个比较紧俏的角色。根据目前的趋势我们能看到软件行业中很多公司的产品也都开始硬件化，硬件行业的产品也逐步集成了软件的功能，所以在未来，就需要更多具备软件思维和知识与硬件思维和知识的人将两者进行有效的融合，从而打造出智能硬件产品。产品经理是一个利用产品价值实现商业价值的设计者和执行者，他们本来就需要具备多领域、多维度的知识，所以"软硬兼备"的产品经理并不能说不够"专一"，这只是在这个行业中想要做好的基本能力而已。无论是硬件产品经理还是软件产品经理在做到一定级别之后，他们的知识和能力都会逐步地交叉融合，所以产品经理最核心的能力不一定是拥有某一行业的专业知识，而是拥有对产品和价值的理解及将产品价值转换为商业价值的能力。

1.8　智能硬件产品经理的核心价值

智能硬件行业是一个综合软件技术和硬件技术的综合行业，智能硬件产品经理需要了解软件行业与硬件行业的最新技术、具备创新精神，能够将两种技术完美地结合起来以满足用户的需求。正是因为有这些创新者，我们才能动动口就能听歌、说句话就可以把家里变成舒舒服服的状态。对于智能硬件产品经理来说，他们需要在生活中善于发现机会、挖掘需求，从多个行业和方向寻找解决问题的方案。

软件和硬件的结合给智能硬件行业带来了很多改变。全新的产品形态、全新的团队架构、全新的工作流程，这些给产品经理及整个产品研发团队都带来了很大的挑战。智能硬件产品经理要学会从软件和硬件两个不同的角度去思考一个产品的价值和规划，而不是将自己的思维局限于某个领域，同样的需求或事情换个角度也许就能找到更好的解决方案。如果还用精益创业的思维去做硬件产品,那么最后的试错成本必然很高,在硬件产品的世界中靠快速试错是行不通的,硬件产品行业强调的是详尽的规划,追求的是一击必胜。

做一款智能硬件产品需要涉及很多方面,不仅要与负责 UI(User Interface,用户界面)、UE(UserexpErience,用户体验)、客户端(电脑或手机的软件)、后台(指服务器端的程序)、QA(Quality Assurance,质量保证)等方面的软件人才打交道,还要和 ID(Industrial Design,工业设计)、MD(Mechanic Design,结构/机构设计)、电子工程师、嵌入式工程师、生产管理等硬件方面的人员进行协作,因此就需要产品经理带领大家向同一个目标前进。软件行业与硬件行业的工作方式和流程完全不同,很容易出现沟通障碍、流程死角、责任死角等,这就需要产品经理充当推动者和协调者以保证项目有条不紊地进行,帮助团队建立一个合理的工作流程和有效的沟通机制。

与互联网行业不同的是,在硬件行业中,很多的工作和学习都是基于实体硬件进行实践的。在这个相对封闭的行业中,产品经理的很大一部分价值就是体现在资源的积累上,这里的"资源"不仅指对行业知识的了解,对产品的了解,还指行业人脉的积累,人脉的积累将会大大提高工作效率,降低在供应商、合作伙伴等方面"踩坑"的可能性。

1.9 智能硬件产品经理的三个阶段

不同阶段的智能硬件产品经理有着不同的责任和使命(见图 1-9),各个阶段所需要的能力也是逐渐递增的,每个产品经理的成长都是一个渐进的过程。

图 1-9

（1）初级阶段

初级阶段的智能硬件产品经理是一个执行者，工作职责包括画原型、写文档、跟设计、跟研发、跟生产、跟质量等方面的具体事项，根据上级分配下来的任务，参与到设计、生产、销售等各个环节中。在这个阶段，初级产品经理需要具备良好的执行力和学习力，能够快速地学习与软件和硬件相关的知识以及不同阶段事项的处理方式，能够明白事情为什么做、怎么做，从而进一步成长升级。

（2）中级阶段

中级阶段的智能硬件产品经理是一个思考者，做得最多的工作是分析——用户是谁？产品的价值是什么？用户愿意付出多少？如何才能做好？技术可实现性和资源如何？这个阶段的智能硬件产品经理做的最多的是市场分析和用户的分析，以及产品方案和实施方案的策划。此时需要智能硬件产品经理具有充分挖掘用户需求的能力、良好的技术知识储备。

（3）高级阶段

高级阶段的智能硬件产品经理通常是企业合伙人或产品 VP 级别的人才，他们会站在市场、行业、公司战略、公司资源等角度考虑要不要研发一个产品？该产品以什么角色进入市场？其优势是性价比高、性能好？还是作为公司内部生态中的一员，与其他产品组成产品矩阵等问题。在确定好上述问题后，高级智能硬件产品经理会同中级智能硬件产品经理一起规划产品的行进路线和目标，接下来具体的执行事项便交给中级智能硬件产品经理去处理。在项目进行阶段，高级阶段的智能硬件产品经理更多需要做的是团队成员的管理、产品研发和目标的管理、内部资源和外部资源对接、市场宣传活动与策划、产品销售售后策略设计等。

1.10　软件产品经理和智能硬件产品经理的区别

（1）角色不同

由于硬件产品的研发本来就是一个复杂的工程，再加上与软件的结合就更加复杂多样了（见图 1-10）。作为智能硬件产品经理，在做好产品设计的同时也要做好项目管理。项目经理注重目标、流程、资源、风险应对策略等相关的工作，产品经理既要关心项目问题，也要关注软件与硬件结合中的流程问题、责任划分及协调软件研发团队和硬件研发团队中出现的各种事务冲突，做好协调工作，使项目有序推进。

图 1-10

（2）视角不同

智能硬件产品经理应该具备全局视角，从全局的角度进行思考问题并规划产品。在实际工作中经常会遇到很多功能或逻辑判断在硬件端和云端都可以做，如何做出抉择就需要智能硬件产品经理从全局角度进行考虑。

在整个项目中会涉及很多软件与硬件交叉的工作，如何协调两个工作方式和工作节奏完全不同的团队，保证团队高效运转也是智能硬件产品经理需要考虑的问题。

（3）开发模式

软件产品和硬件产品在研发上是两种完全不同的模式（见图1-11）。埃里克·莱斯在他的著作《精益创业》中提出初创团队可以通过"以实验验证商业假设""快速更新、迭代产品"，以及通过最小可行产品（MVP）的方式来缩短产品的开发周期。在互联网行业中经常与精益创业一同被提及的还有敏捷开发模式，它是以用户的需求进化为核心，将功能分解成最小的开发单元，采用迭代、循序渐进的方法进行软件开发，使产品可以一直处于可用的状态，同时保持产品快速稳定地迭代更新。

精益创业式　　　　　　　　火箭发射式

图 1-11

如今很多互联网产品都使用上述两种方法进行产品开发。相对于一次开发大量功能而言，精益创业和敏捷开发这两种研发方式可以使产品快速得到市场和用户的验证，以达到快速试错并调整产品方向的目的。当然这种模式得以实施也是因为软件产品具有可以快速更新迭代的特性，而对于硬件产品来说，这种模式显然是行不通的。

与软件产品不同的是，硬件产品只要开模或投入生产线就需要长达几个月的时间和几十万元的成本，因此硬件产品往往采用的都是重决策、重规划的研发方式，就像发射火箭一样，前期需要有详尽的规划和设计，甚至起飞几秒后要到达的高度和角度，都要设计好，不能出现半点差错，否则造成的就是上亿元的损失，在这种情况下快速试错的成本太高。在开始研发硬件产品之前需要详细地评估市场、用户购买力、行业格局等，通过分析来对产品的定位、功能、成本、售价、技术、利润点等进行精准规划，在研究可行性后才会对产品进行立项，进入研发阶段。

（4）关注点不同

互联网产品经理的工作是挖掘用户的需求和产品使用场景，分析产品价值并解决用户问题，同时增加用户黏性。他们更在乎的是数据，例如，用户总数量、活跃用户数量、使用时间、使用频次等数据。

通常，软件产品采用免费使用的方式来获得大量用户，然后再通过广告、电商、付费增值服务等方式获取收益。用户可以零成本试用一个产品，如果不满意，卸载即可，因此软件产品可很轻易地获得用户。

对于硬件产品来说，想获得一个用户的成本非常高。买硬件产品都是需要付出一定成本的，用户不会像对待软件产品一样，用试用的心态去购买一个硬件产品，因此硬件产品经理除了需要分析用户需求和解决方案，还需要像商人一样去分析方案的成本和用户对售价的预期，同时也要充分考虑产品的的收益/产出比，以及最小的保本销量。

软件产品强调的是良好的产品体验；硬件产品则强调的是用合适的价格提供合适的解决方案，以满足用户需求，而不是一味追求完美的体验，忽略成本影响。

总的来说，软件产品经理更像设计师，其眼中的产品是一件作品。而硬件产品经理更像商人，眼中的产品是一件商品，如图 1-12 所示。

产品思维

软件产品经理更像设计师，其眼中的产品是一件作品

注重良好的体验和产品价值

商人思维

硬件产品经理更像商人，其眼中的产品是一件商品

注重良好的体验和价格的平衡

图 1-12

（5）项目周期不同

软件产品开发通常采用的是"小步快跑"的模式，一个软件产品的 MVP 版本从设计到上线，两三个月甚至数周的时间即可完成。软件产品开发讲究的是快速挖掘用户需求，快速开发验证，得到用户的认可后再逐步对产品进行完善优化。

智能硬件产品注重的是前期规划，讲究的是一次完成硬件的研发及软件核心功能的开发，并且智能硬件产品所涉及的软件和硬件的联合开发和调试都比较费时。开发一个智能硬件产品要经过前期调研、用户需求分析、软件和硬件的设计、软件开发、硬件打样、开模测试、上线生产等流程，开发一款智能硬件产品耗时一到两年都是有可能的。

（6）成本不同

软件产品和硬件产品在成本方面也存在着巨大的差别，如图 1-13 所示。我们都知道软件产品的开发成本主要在人员和云服务两方面，每增加一个用户的边际产本接近于零，因此大部分软件产品都是可以免费使用的。所以软件产品经理的成本意识很弱。在智能硬件行业中情况则完全不同。

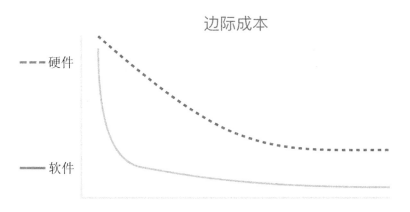

软件的主要成本是研发成本，获取客户边际成本低。硬件不仅研发成本高，同时生产和维护成本也很高

图 1-13

每个硬件产品通常都有固定的成本在那里，并且用户对花钱购买硬件产品都是比较慎重的，再加上同类硬件产品通常以"价格战"的方式进行市场竞争，控制硬件的成本就变得极为重要。智能硬件产品经理需要从产品的功能价值、ID 设计、结构设计、电子设计、表面处理、包装设计、备货生产等方面进行成本控制，在符合用户需求和产品设计的条件下通过多种方式降低成本，所以对成本和配置精打细算便是硬件产品经理的"通病"。

（7）产品定位

由于硬件产品的研发周期较长，对于硬件产品经理来说，做产品不能基于当下，而是要充分挖掘用户需求，将眼光放长远。（需要更加注重产品在一年后是否可以满足用户的需求和产品在行业中的竞争力。如果仅是按照当前的用户需求去研发产品，那么很有可能在产品还没有研发出来的时候就已经落后了。硬件产品经理应该要带着更加长远的目标去规划和设计产品，从而使产品具有更强的生命力。）

软件产品经理需要注重短期目标或阶段性的目标，智能硬件产品经理则需要注重长期目标。这并不是说软件产品经理不具备长远的目光，而是说软件产品通常使用精益创业和敏捷开发的模式进行产品研发，在后续的产品版本中经常会因为需求变化、资源变化甚至产品效果等颠覆之前的产品设计和规划，所以软件产品产品经理并不会在长远的目标上做详细的规划。软件产品经理通常是通过逐步更新迭代的方式实现最终产品（见图1-14）。

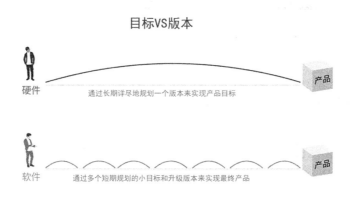

目标VS版本

图 1-14

（8）产品完整度

在软件产品中出现 Bug 是常态，并且在很多时候由于时间紧张，软件设计人员还会允许软件产品带着一些不重要的 Bug 上线，后面通过版本更新逐步解决。即便 Bug 导致程序崩溃无法使用，用户也可以通过重新下载新版本的软件产品加以解决。

当硬件产品出现质量问题或存在产品缺陷的时候是不能像软件产品一样通过打补丁或快速迭代产品版本来解决的。通常硬件产品在出现问题后面临的就是退换货或产品召回，不管哪种方式对于企业来说都会产生实实在在的损失，严重的甚至导致一个公司倒闭。有兴趣的读者可以看看苹果品牌的产品召回记录，每次的产品召回都是真金白银的损失，我们之前的一家合作公司因为一个小的失误导致产品固件出现问题且不可通过升级解决，最后只能召回产品，这家公司也因此损失了数十万元。

（9）知识面不同

软件产品经理通常需要关注市场和用户调研、产品设计、UI 设计、开发技术、数据分析、运营维护、商业变现、产品推广等方面的知识。

智能硬件产品经理除了要关心软件行业的相关知识，还需要关注方案设计、

ID 设计、结构设计、开模打样、电子电路、成本控制、包装设计、质量把控、营销渠道、售后服务等方面的知识，因此做智能硬件产品经理需要具备更为广阔的知识面。

对于初级智能硬件产品经理来说，上述知识还不需要每个都精通，但是如果是做智能硬件的产品负责人或者产品总监，那么对上述全部知识，都要有较深的认识，并且要有强大的项目管理能力和组织协调能力才能管理好整个团队。

（10）合作成员不同

在互联网行业中，与产品经理合作的团队成员主要涉及设计、开发、测试、运营、市场等岗位，如果是大公司还要涉及需求分析师、交互设计师、用户研究员等。相比较来说，智能硬件产品经理需要接触的岗位人员就多了很多。

智能硬件产品经理除了要和软件产品经理一样去接触软件行业方面的团队成员，还需要和硬件行业方面的 ID 设计师、平面设计师、结构设计师、电子工程师、固件工程师、采购、品控、销售、售后、技术支持、仓库管理、供应商、代工厂、模具厂、包装厂等相关人员进行沟通协调。因为需要面对很多外部人员进行多方合作，所以智能硬件产品经理需要具有更好的协调能力和规划能力。

隔行如山，虽然都叫产品经理，可是软件产品经理和智能硬件产品经理却有着完全不同的思维方式、关注点、知识面、产品目标和合作团队。

一个"软硬兼备"且有经验的产品经理，其前途不可估量。

1.11　硬件产品经理如何入门

1.11.1　平滑过渡，抓住踏入行业的机会

硬件产品经理的门槛其实比软件产品经理的门槛要高，因为软件产品经理这个

岗位是很开放的，很多知识我们都能从网上和书中获取，但是硬件产品经理这个岗位则恰恰相反，我觉得造成这种现象原因主要有三点。

- 很多硬件产品经理年龄偏大，没有互联网行业经验，所以不习惯在公开的平台上分享知识和经验，因此学习渠道比较少。
- 硬件产品研发比软件产品的开发更加注重经验和实践，并不是知道理论就能上手的，所以公司很少将产品研发交给新人去做，这样就导致硬件产品开发领域中的新人实践的机会很少。
- 由于硬件产品是实体的，无法像软件产品一样可以随时随地去学习、去设计、去开发、去实践，所以硬件产品研发学习的难度和局限性就比较大，很多东西只有亲自接触过才能真正理解。

想成为硬件产品经理我觉得最好的途径就是平滑过渡，抓住入行的机会。现在很多软件公司都在尝试做硬件，在这种公司中是很缺乏硬件产品经理的，所以也就产生了很多接触硬件产品的机会。无论是跨行直接进入硬件行业，还是做硬件产品经理的助手从而获得指导和学习的机会，都是不错的入行途径。当然也有一些公司会对硬件产品助理等岗位进行社招，只不过这种社招的岗位较少，而且很多岗位对专业也有严格的要求，需要应聘人员具备相关的专业背景。成为硬件产品经理的途径之一是内部转岗，这是一条比较容易的途径。

1.11.2　放下理论，积极实践

硬件产品经理不应该只注重理论知识，更应该去切身体会制造的游戏规则。虽然我们能在网上和书中学到很多的知识，但不去实践就很难理解需求修改难、试错成本高，也不会明白为什么产品经理都精打细算。为什么学到很多知识和理论在实际操作时却无从下手。

作为一个软件转硬件的产品经理，我是幸运的，幸运的是之前的公司能给我这个转行的机会。在深圳时，我经常背着大背包在方案商、模具厂、组装厂、包装厂之间来回奔波。在那段时间里，我确实学到了很多书本上没有的知识，这些知识同样也是别人无法口授给你的。只有真的摸过烙铁、焊过板子，才知道电路板是怎么做的；只有在模具厂蹲过点，才知道加工一套模具有很多道工序、改动需求的代价是什么；只有在工厂亲眼看到，才知道一个个元器件是怎样变成我们所用的产品的，以及在工厂里面的门门道道。

有机会多去工厂转转，相信你会学到很多东西。这些东西不仅是如何做产品的"硬"知识，还包括很多关于流程、管理的"软"知识。

1.11.3　软硬结合，理解软件与硬件的关系

之前有群友问我做硬件产品经理需要懂相关的软件知识吗？这个问题我给的答案是需要！

这并不是因为我是软件产品经理出身，而是因为随着行业和科技的发展，软件产品和硬件产品结合得越来越紧密了，这就使我们在做产品时不得不"软硬兼顾"。我这里说的做硬件产品经理需要懂软件的相关知识，并不是指所有的硬件产品经理都需要懂软件的相关知识，像传统行业或和电子、软件没有关系的硬件产品经理则可以不懂软件的相关知识。但是在这个时代这种产品又有多少呢？能看到这本书的朋友，我想也都是刚进入硬件产品行业，或还在硬件产品经理大门外徘徊的人，所以对于新入行的同学来讲，无论你现在做的是什么硬件产品，都需要去了解和学习软件的相关知识，因为日后必定是物联网的世界，我们所涉及的硬件产品大部分都是需要和软件产品相结合的，传统的硬件产品将越来越少。

硬件部分、电子部分、软件部分这三者之间的关系就好像我们人的躯体、器官

和灵魂。硬件部分就像我们躯体的骨骼、皮肤、肌肉一样，是产品的内在支撑和外在的形态。电子部分就像我们眼睛、鼻子、嘴巴、四肢和大脑，它们有的用于感知环境或做出反馈，有的则是给知识、思维和逻辑提供运行的平台。软件部分就像灵魂，它是我们学习到的知识、思想、规则、经验和认知，它负责处理感知到的信息并做出合理的判断和反馈。在日后的硬件产品经理生涯中我们会经常接触到这种软件和硬件结合的产品，如果作为一个设计者，只懂其中一部分，那将很难做出好产品，毕竟身体和灵魂是缺一不可的。只有好"身体"没有好"灵魂"的产品是平庸的，只有好"灵魂"没有好"身体"的产品则是不合格的，作为产品经理，我们应该去学习更多的知识，把我们的产品打造得完整又有趣。

第 2 章

软件与硬件通识

2.1　硬件行业常见的产品研发模式

在硬件行业中常见的研发模式有 OEM（Original Equipment Manufacturer，原始设备制造商）、外包、ODM（Original Design Manufacture，原始设计制造商）三种，如图 2-1 所示。不同的公司类型及公司对产品的定位不同所采取的研发模式不同。本章为大家介绍不同研发模式对应的不同的公司类型和不同的产品定位。希望能够帮助大家在研发硬件产品时选择适合的研发模式。

图 2-1

（1）OEM 模式

OEM 模式就是自主研发，产品的硬件部分和软件部分都是一家公司完成的，因此需要公司拥有整个产品链中所需的各类人才。在这个产品链中包括 ID 设计、结构设计、PCB 设计、模具设计、固件开发、软件开发、云服务器开发、生产（生产环节通常是委托第三方工厂生产）等诸多环节，需要公司具备完善的管理机制。用这种模式开发出来的产品具有较大的灵活性和可持续性，基于这种模式开发出来的产品都是系列型产品，产品通常都会进行多个版本的迭代更新。

使用 OEM 模式研发产品的公司一般有两种。一种是以研发系列硬件产品为主的公司，这类公司从传统硬件开始做起，经过多年的积累，在硬件研发方面经验丰富，各类人才较为齐全，通常公司的各种流程比较成熟和正规，各个岗位的工作职责比较清晰，在这种环境下，刚接触硬件产品的人可以快速学到硬件产品的正规研发模式。

还有一种是刚刚进硬件行业的大公司，这类公司大多研发的是智能硬件产品，且公司具备相对不错的资源，可以组建一个完整的软件与硬件技术团队，但是在这类团队中通常岗位职责的划分并不是特别清晰，存在很多的交叉重叠的工作。在这样的公司中工作，一方面由于工作职责划分不清晰，没有特别完善的工作流程和管理机制，可能会使自己学到的东西不够系统；但是从另外一个角度来看，在这样的公司中工作可以快速锻炼一个人软件与硬件的综合能力，尤其对于研发智能硬件产品的人来说，在这类公司中工作是成长最快的一种方式。在第 1 章中我们提到过，以后传统硬件产品会越来越少，大多数产品都会朝着"智能硬件"的方向发展，因此，我觉得这类公司是进入硬件产品行业的首选。

（2）外包模式

外包模式是一种成本相对较低的研发模式，这种模式通常是互联网企业或者资金不是特别充裕的创业企业进行硬件产品研发所选择的一种模式。通常是甲方提出产品设计需求，寻找外包公司进行硬件产品开发，然后甲方寻找工厂进行硬件产品生产，这种做硬件产品研发的乙方公司在深圳有很多。这种模式的优点和缺点都是非常明显的，优点在于甲方无须自己组建研发团队，只需按需支付研发费用即可，这样前期成本较低、团队组建和管理压力小，方便快速推出产品。缺点是乙方公司在设计和研发产品时并不会考虑太多设计因素对成本构成的影响，并且产品稳定性存在较大风险。

这种模式一般适用于刚接触硬件产品研发的公司或初期验证概念和需求的产品。通常经历过这种研发模式后，如果产品的市场还可以，值得继续投入，那么后续甲方大概率会组建自己的研发团队来开发产品。毕竟外包这种方式存在很大的局限性。

这种模式还有一个需要注意的地方，因为采用外包模式的甲方一般也没有代工厂的资源，所以通常会由乙方推荐代工厂进行硬件产品的生产。在这种情况下需要注意的是，有些乙方除了收取研发费用，还会从代工厂拿一些回扣。因此，如果甲方没有代工厂资源，那么在选择工厂时一定要让多家工厂进行报价，以免出现乙方推荐的工厂因回扣给的太多，从而在产品上偷工减料或增加代工成本。

（3）ODM 模式

ODM 模式（俗称贴牌）可以说是进入硬件行业最经济的模式，这种模式是指乙方设计的产品被甲方看上后直接以甲方的品牌进行销售，这种模式也有两种实现方式。

第一种是甲方仅进行贴牌销售并不买断产品所有权，采用这种方式的甲方并非是看好这个行业想深入做下去，而是在看到一个风头后，想趁着风头捞一把而已，通常这一类的甲方并没有多少资本。近年来，儿童机器人行业中就有很多这样的厂商利用 ODM 模式研发产品，大家在网上可以看到长得完全一样或者仅有微差区别的产品非常多，这就是因为同一个产品被卖给了不同的甲方进行销售。其实这样也会导致行业的病态发展，因为以这种方式研发的产品均是竭尽所能地降低成本，不仅产品质量堪忧，而且还把行业拉入了价格战的泥潭。

第二种 ODM 的方式是甲方直接买断产品的所有权进行独家销售。选择这种方式的甲方通常是进行产品线扩充的大厂，通过这种方式可以快速扩充产品线，且成本大大降低、生产周期大大缩短。因为大厂注重品牌效应和用户口碑，所以利用这种模式研发的产品，质量还是比较有保障的，即便有问题也会提供售后服务，而不会像第一种的甲方那样，产品出现问题也无处维权。

2.2 智能硬件产品各阶段简介

一个智能硬件产品在生命周期内所需要经历的全部流程，以及产品经理需要负责的相关工作，如图 2-2 所示。下面我们对各阶段的内容做一下基本介绍。

（1）市场分析

同软件产品一样，除了在立项之前需要对市场规模、用户需求、产品的优势与劣势、BAT 布局及产品切入的方向进行分析，智能硬件产品还需要分析目标用户的购买力，同类产品的定价、利润，上下游供应商及产品策略等，从而制定产品的相关目标，并分析要研发的产品是属于轻决策类型还是属于重决策类型，产品的不同类型对售价和产品服务有着很大的影响。

通过综合分析最后整理出一份市场分析报告，报告的内容主要包括项目所需资金、技术方案、人员、周期、利润、营销方案及产品迭代计划，并分析报告是否具有可行性，若可行则可进入立项阶段。

我曾经看到一个产品案例由于前期制定了一个不切实际的目标，且在企业没有足够的用户规模的情况下，将产品推向了市场，最后产品因技术、成本、售价、市场环境等各方面的压力而夭折。

智能硬件项目流程简介

1	市场分析	用户需求分析	市场规模分析	同类产品分析	用户购买力分析	可行性技术分析	成本分析

2	团队组建	ID设计师　UI设计师　结构设计师　App开发人员　固件开发人员　服务器开发人员					
		电子工程师　软件和硬件测试人员　采购人员　产品质量控制人员　项目经理					

3	产品需求分析	需求分析筛选　软件需求设计　硬件需求设计　绘制原理图

4	软件研发	UI设计　启动开发，App、固件、服务器　三方联调　初期测试　问题修复　硬件主板测试
		修复Bug　持续版本迭代

5	**ID设计**	ID评审　打板验证　调整优化再次打板验证　确定ID

6	结构设计	结构设计　基本确定电池、PCBA等元器件尺寸和位置　结构评审　结构打板验证　结构设计封板

7	电子设计	PCBA设计　电子元器件选型　打板验证　优化修改　再次验证　确定PCB　出电子BOM

8	整机验证备料	结构、电子、软件结合验证　发现问题　修复问题　再次验证确认　真实用户使用测试

9	包装材料设计与生产	包装说明书设计　打样确认材质、效果、质量　包材封板确认

10	结构开模电子备料	结构件开模　模具验证　综合BOM　电子备料　成本核算

11	整机验证	结构件小批量生产　电子小批量生产　包材小批量生产　整机验证　输出生产指导书

12	产品内测	真实用户小批量测试　收集反馈　分析总结问题　提出优化方案

13	小批量试产	选定工厂　确定生产流程与工艺　小批量试产　性能测试　发现问题，总结问题
		视情况而定是否需要再次小批量验证　申请相关认证　持续版本迭代

14	大批量生产	细化生产流程、工艺及标准　生产过程质量把控　成品质量把控　产品维修手册等文件的编写
		配备相应的替换部件

15	销售相关	公布售前售后指导文件　内部员工培训　产品开始营销　销售渠道预热

16	量产爬坡	生产流程优化　对出现的问题进行总结、完善　生产线扩充、产品进入量产爬坡阶段　根据批次对产品质量进行把控

17	售后阶段	产品售后服务　产品维修、换机等服务　用户问题总结、数据分析

18	项目维持	维持产品正常生产销售　项目复盘、总结经验　对下一代产品进行规划　软件持续迭代

图 2-2

（2）组建团队

在互联网行业中有一句话是"好想法是有了，离成功就差一个程序员了"，由此可见软件团队虽然不是真的只要一个程序员就可以，但所需要的团队成员也不是很多。一般标准的软件团队由产品经理、UI 设计师、后台工程师、前端工程师、安卓工程师、iOS 工程师、测试工程师等岗位组成。

相对来说，一个智能硬件团队除了要包括与软件相关的人员，还需要包括与硬件相关的人员。一个硬件团队至少需要包含 ID 设计师、结构设计师、电子工程师、固件工程师、硬件测试人员、产品质量控制人员、采购人员、项目经理等角色。这样看来，一个智能硬件团队所需要的人员至少是软件项目团队成员的两倍。面对如此多的团队成员，项目管理也是一大挑战。

软件项目最大的成本就是人力成本，而对于智能硬件项目来说，人力只是成本的一小部分，产品的模具和开发物料成本也是智能硬件成本中的重要部分，所以智能硬件项目面临着更大的挑战。如果能组建一个有着丰富研发经验的团队就会少踩很多坑。

（3）需求分析

团队组建完成后就可以分析需求了。此时的需求分析不能用"头脑风暴"，需要根据产品的定位、售价、成本和技术边界进行需求分析，并在成本和产品体验之间做取舍。这个时候最重要的是综合产品体验和成本，把产品的形态和硬件配置确定下来，这样后续的软件部分也就可以依托硬件的能力边界去做了。确定好硬件需求后需要把产品的原理图制作好，在验证产品可行性之后就可以正式进行产品的设计和研发了。

在这个阶段软件和硬件的需求和功能需要一同进行规划，达成基本的框架和共识。等后期硬件基本定型之后，软件部分就能根据硬件的能力边界去设计，尽可能地满足用户的需求，提升产品体验。在智能硬件产品中，如果软件部分做得比较出色，那么也是可以通过较低的成本为产品带来巨大的竞争力的。

（4）软件研发

在启动软件研发之前通常是由软件产品经理和硬件产品经理共同设计好智能硬件产

品的目标，形成相应的产品原型和需求文档。有些团队的软件产品经理和硬件产品经理是同一个人，因此需要产品经理和硬件工程师、电子工程师共同设计好硬件产品的目标并形成文档。在这一步完成后就可以开始进入软件和硬件的开发阶段了。

智能硬件产品目标设计好后先由 UI 设计师进行界面设计，然后再由软件工程师开发出来。智能硬件产品中软件部分的开发，除了 App 开发和后台开发之外还有一个固件端的开发。由于固件是要运行于硬件上的，而此时硬件正处于研发阶段，所以是无法运行固件的，因此在项目前期固件端的开发通常是使用开发板来代替硬件的，等主板可使用时就可以将固件转移到硬件上进行开发了。

与软件项目相比，智能硬件产品在交互方面会更加复杂，在三方联调方面会花费更多的时间，同时也会出现更多的问题，因此就需要对软件部分进行详尽的测试。在测试前期可使用开发板对软件部分进行粗略的测试，不过因为开发板和实际产品还存在着一些差异，所以有可能软件在开发板上运行没有问题，在产品上运行时就会出现问题，因此在硬件部分可以运行调试后需要持续对产品进行详尽的测试，确保产品的稳定性。

通常智能硬件产品都是可以进行远程升级的。要注意的是，在智能硬件产品出货前相关人员一定要对升级流程进行多次确认，这样即便软件部分出现一些 Bug 也是可以通过远程升级解决的；如果升级系统有问题，会直接影响智能硬件产品正常的功能迭代。

在智能硬件产品中，通常不会对软件部分进行无限期的优化和功能迭代，尤其在推出下一代产品之后，基本就会停止更新原有的智能硬件产品的软件部分。这主要是因为智能硬件产品是靠卖硬件产品赚取利润，如果持续更新老产品的软件部分，老产品就无法与新产品产生差异化，也就无法通过新的功能和体验吸引用户购买新产品，这样企业也就没有利润可赚取了。通常智能硬件产品的设计都是有预计使用寿命的，在智能硬件产品到达预计寿命后，厂商是非常希望用户购买新的智能硬件产品的。当然也不是所有的智能硬件产品都是这样的，管道类的智能硬件产品主要的利润的点在产品内容和服务上，所以这类产品除外，如智能音箱类产品。

（5）ID（industrial design，工业设计）

ID 设计是指产品外观造型的设计，俗话说人靠衣装马靠鞍，ID 设计的好坏直接影响用户的第一印象。人都是视觉动物，如果产品在外观的视觉上无法获得用户的认可，那么用户又怎么会去买呢？因此 ID 设计会直接影响产品的销量。

ID 设计主要涉及两方面，一方面是产品的外观造型及与用户的交互，另一方面是 ID 设计对结构设计和制造生产的约束和影响，这两方面的内容将在 2.4 节中进行详细的介绍。

（6）MD（Mechanic Design，结构/机构设计）

在进行结构设计时需要兼顾 ID 设计和主板等配件。同时也要考虑产品的质量、组装难度、脱模难度，有运动部件的产品尤其需要注意的是运动部件结构的灵活性和稳定性。笔者之前做的一款产品，就曾因运动部件的结构出了问题，产品使用时间稍长或模具稍有误差就会出现阻力增大的问题，并且也增大了模具开发的难度，最后有不少产品进行了换货处理，降低了产品的良品率。

结构设计好后可通过 3D 打印等技术进行打样拼装，验证其是否合理。

（7）PCB（Printed Circuit Board，印刷电路板）设计

在电子设计和开发中需要注意的是 PCB 设计和电子元器件选型这两个问题。

在进行 PCB 设计时要考虑走线、SMT 难度、分离模拟电路与数字电路，以及电子元器件和电路之间的电磁干扰等问题。尤其要注意电磁干扰问题，因为这样的问题具有隐蔽性。

在进行电子元器件选型时要避免使用很偏的电子元器件，因为有可能这个电子元器件随时会面临停产或者难以与其他元器件兼容，有时更换一个电子元器件会因为 Pin 脚或驱动不兼容而带来大麻烦。对于智能硬件产品来说使用成熟稳定的电子元器件不仅能提升产品的稳定性，甚至有时还能降低其成本。

在主板设计好后就可以进行打板出样品了，样品出来后即可烧录固件并对其进行测试和优化。

（8）EVT（Engineering Verification Test，工程验证测试）

在这个阶段，App、固件、电子元器件、结构等都已经是 1.0 版本了，此时就可将产品进行整机组装和验证了。这个阶段的产品除了测试验证和迭代优化之外，还需要将产品拿到实际的应用场景中进行使用测试，这一步不仅可以从用户的角度测试产品的性能，还能暴露出产品在设计及体验方面出现的问题，因此这一步是非常有必要的，当产品进一步成熟后再发现问题就很难解决了。

在网上有很多关于软件产品经理更改产品需求的段子，而这在硬件产品经理圈中几乎是没有的。主要是因为硬件产品如果做需求变更，企业所需要付出的成本是非常高的。例如，随便开一个模具都要十几万元到二十万元，再如，对主板进行一次修改、打板、测试没有两三周的时间是完不成的，这样随便修改几次一两个月就过去了。

（9）包装材料设计与生产

在上个阶段中，产品的外观、功能、配置就已经基本敲定了，所以此时就可以开始进行包装和说明书的设计和生产了。如果产品距离量产的时间还长，那么可以在包装材料设计、打样、确认后，过一段时间再进行包装材料的生产，以免因长时间存放而出现问题。

（10）结构开模、电子备料

在产品经过多次测试后，如果 ID、MD、电子元器件等不需要变更就可以开模了，电子元器件也可以开始备料。通常开模至少需要两个月的时间，在这段时间内可以继续迭代优化软件。

在开模的这段时间里，产品经理和结构设计师需要定期检查开模的进度和质量，避免出现较大的进度延迟或失误。

（11）DVT（Design Verification Test，设计验证测试）

开模会分为 T_0 至 T_n 等阶段，通常在 T1 阶段，模具厂会给客户第一版的样品。在模具进入 T1 阶段后就可以根据实际情况进行小批量的生产了，从而进行整机的综合测试，并输出相关报告和生产指导文件。这个阶段主要针对以下几个方面进行测试和验证。

① 验证模具的质量，看看生产出来的壳体是否有问题，检查壳体的抗跌落性或其他测试否能通过，对出现的问题进行修复和优化。

② 对电子元器件进行小批量的表面贴装，验证印刷电路板的质量，总结在表面贴装时出现的问题，并进行优化改进及制定生产和测试的方法。

③ 包装是否开始生产可视情况而定，如果需要进行产品的内测，有条件的话可以进行小批量的产品生产。

④ 对产品进行耐久性和稳定性等多方面测试，找出产品中隐藏的或者需要长时间运行才能发现的问题。

⑤ 制定产品组装流程。在这个阶段，相关人员需要组装多个产品，并对产品组装和生产流程进行整理，生成产品生产指导说明，指导工人生产和生产流程的设计。

（12）产品内测

产品内测这一步是非常必要的，在任何情况下都不要省去。在产品研发过程中虽然会进行周密严谨的测试，但是依旧不能保证覆盖实际应用中的各种场景。因此将在 DVT 阶段将所生产的产品交给小规模的目标用户，让目标用户在真实的场景中进行长时间的使用，可以帮助我们发现产品中隐藏的问题。同时用户使用产品和我们开发人员测试使用产品的方式是不一样的，通过让用户去试用产品可以帮助我们找出产品设计中的不足，获得用户真实的产品体验，及时对产品进行优化升级。

（13）PVT（Pilot-run Verification Test，小批量过程验证测试）

当经过产品内测并把发现的问题进行修复验证后，产品研发阶段就正式告一段落了，接下来就要进入产品生产阶段了。

产品生产的第一步是选择一个合适的代工厂。在选择代工厂时优先选择有相关产品生产经验且管理规范的工厂，相关生产设备齐全，可以在一家代工厂中完成产品表面贴片、壳体生产和产品组装等相关流程。如果满足不了这样的条件，那么也要选择有经验、管理规范的代工厂，至于产品表面贴片和壳体生产可以整合其他厂商进行合作，不过在这种情况下要注意责任的划分，避免出现问题后双方扯皮的局面。选择代工厂时应尽量避免选择那些没有经验，管理松散的小厂，不然后续会出现很多问题。

选好代工厂后就要开始与工厂的工程师确定产品的生产流程了，这一步搞定后就可以开始小批量生产产品。根据产品类型的不同，在 PVT 阶段生产产品的数量也不尽相同，不过通常也会生产数百台产品。做一次产品的小批量试产是为了验证产品生产流程、电子元器件批量加工等多方面问题，在这一步要对生产流程给予高度关注，对生产流程中出现的问题进行分析总结并给出解决方案。同时对产品的良品率进行监控，如果有条件的话可以再次进行一次产品内测，即便不能进行产品内测，也要进行大规模的产品抽查使用，以便发现产品中隐藏的问题，模拟用户收到产品的过程和体验。

如果在这个过程中没有什么问题，那么产品便可正式量产了。此时也要开始进行产品各方面的认证申请了。

（14）MP（Mass-Production，大批量生产）

产品经过小批量试产，没有什么问题，就可以按照生产排期进行生产了。不过在这个过程中还是需要相关人员进行驻场监督，对产品的加工处理、员工的操作标准，以及质检的规范程度等进行有效的监督，只有这样才可以保证产品不会出现质量问题，即使出现问题也能快速地被发现并解决。

在产品生产的过程中，产品经理需要开始编写产品维修手册，准备相应的维修更换的部件，以备售后使用。

（15）销售相关

在产品生产过程中，产品经理还有一个重要的工作要开始了，那就是与产品销售相关的工作。这一部分主要包括产品销售材料的制作，如宣传文件或宣传视频等。同时产品经理还要对销售人员进行培训，帮助他们理解产品的市场定位及产品的优势与劣势，同时教授产品的使用方法，便于销售人员进行宣传和销售。

此时产品经理还要对售后、技术支持等部门的人员进行培训，告诉他们产品的使用方法和可能出现的问题及应对的方法和话术，并对技术支持人员进行产品维修和故障诊断培训。

这时市场部和销售部的相关人员就要开始进行与产品营销和渠道预热等相关的工作了，产品经理需要配合他们完成相关工作。

（16）量产爬坡

量产爬坡是通过生产流程的优化、提高员工熟练度等方法提升产品的生产速度，在规定的时间内连续大量地生产产品。这时，产品经理需要对产品生产的过程进行全面的监控，保证爬坡的稳定和产品的质量。当经历过这个阶段后产品就可以稳定地出货了，此时产品经理就完成了最重要的使命，可以投入到产品的销售和维护等相关工作中了。

（17）售后阶段

在售后阶段，除非产品的问题很多，不然产品经理基本没有太多的事情，主要是做好售后人员的培训工作，协助售后人员解决问题，对产品销售的数据和市场进行持续的关注即可。

（18）项目维持

在产品的销售和生产都稳定之后就进入项目维持阶段了，此时相关人员需要适当地对产品的软件部分进行维护和迭代更新，进行产品的生产排期等相关工作。

产品经理需要对项目进行复盘总结，分析在项目进行过程中出现的各种问题，以及下一次应如何避免这些问题。如果产品还有下一代需要启动，那么此时就可以着手对下一代产品进行规划了。

以上内容介绍了一个智能硬件生命周期中的各个节点及其主要内容，在后续的章节中会对比较重要的节点进行更加详细的介绍。

2.3　软件架构

在这一节中主要为大家介绍几个重要的模块和概念，如图 2-3 所示，以及它们的区别和需要着重了解的知识点。如果想进行深入了解，大家可以在网上自行查阅资料或看书。

图 2-3

在一个电子产品中，除了有看得见、摸得着的硬件部分，还有看不见、摸不着的"软件"部分（此处将应用程序、服务器、操作系统、驱动程序等统称为软件）。硬件是一个产品有型的实体存在，而软件则是一个产品无形的灵魂，如果一个电子产品没有软件，那它就如"破铜烂铁"一般无用。

不同的物联网设备的功能和架构是不一样的，这里就以基础的物联网产品来看一下物联网产品软件架构的五大部分，它们分别是业务平台、后台云服务、数据库、IOT（Internet of Things，物联网）平台、物联网设备固件。

2.3.1　客户端、驱动、固件的区别

在了解软件架构之前我们先来了解下个概念。从面向服务对象的角度来讲，客户端、驱动、固件的目标是不同的。客户端面向的对象是人，承担的是人与机器之间的交互职责，它需要承载的是信息的输入和输出及人对机器的操作。除了性能的基本要求外，软件主要侧重的是对人需求的满足程度，以及在使用中的人性化和个性化的程度。所以客户端会随着人的需求的变化而快速变化，因此客户端的更新迭代会明显快于固件和驱动。在客户端类的产品研发上更多的是需要研发人员对人的需求的洞察，让客户端可以快速地适应和满足人的需求。

驱动服务的对象是系统程序，它是一个包含了硬件信息的代码块，集成在操作系统中；它是为了实现程序与硬件设备交互的一种软件。因为不同的系统对硬件处理和调用的方式不一样，因此需要驱动这个"翻译官"在系统程序和硬件之间做指令和输出的转换。硬件或系统本身的功能是不常变化的，因此驱动的更新迭代也很少，一般驱动更新的主要目的是优化性能和修复 Bug。驱动一般都很小，所占内存从几 KB 到几 MB 不等，驱动侧重的是稳定性、流畅度和速度。

固件的服务对象也是系统程序，它是一个写在硬件 EROM（Erasable Read Only

Memory，可擦写只读存储器）或 EEPROM（Electrically Erasable Programmable read only memory，电可擦可编程只读存储器）中的程序，我们可以把它比喻成一个硬件设备的"管家"，它包含硬件设备的使用规则和标准，系统需要按照它的标准才能调用硬件设备的资源和能力。同样由于硬件设备在生产之后便不再进行变动，因此固件的变动较少，即使有变动一般也都是出于对性能的优化和修复 Bug。不过在一些嵌入式设备中，固件除了管理硬件资源的调用规则和标准，同样也会做一些业务方面的处理，如某些传感器中的无用数据的过滤或简单的逻辑判断，这部分功能则会随着业务变化而变化，通常会将其写成可远程修改的配置文件进行更新。大部分嵌入式设备的资源较少，因此固件一般不会运行较大、较复杂的任务，所以固件包一般所占内存也是从几 KB 到几 MB 不等。固件注重的是运行的持续性、稳定性、流畅度和速度。

2.3.2　业务平台

业务平台是以客户端的方式面向用户的，客户端目前主要包括手机的移动客户端（App、小程序等）、电脑的桌面客户端及基于浏览器的网页客户端。移动客户端的主要特点是可以随时随地地使用，它已经成为我们生活中必不可少的一部分了。相比于后两者，移动客户端由于交互方式、屏幕大小及手机处理性能的限制，不便于处理高复杂度、大计算量的任务。电脑客户端则以便捷的交互方式、较大的信息展示区域和较高的计算能力包揽了我们工作和游戏等复杂任务的处理。网页客户端的特点是无须安装、占用本地内存小、有网即可随时随地地访问。网页客户端主要承担的任务是信息的输入和输出及指令操控，其运算部分是在云端的服务器中进行的。不过由于网络延迟和带宽的限制，网页客户端并不适合实时性较高的应用，如游戏、图像、视频的实时处理。

由于软件和硬件拥有完全不一样的形态和特点，企业一般会将软件和硬件拆分，由不同的人负责设计开发，但是作为当前这个时代的硬件产品经理，在做物联网类硬件产品时，还是要具备做软件产品的一些能力并了解软件产品的架构，从而才能把软件和硬件合理地融合在一起，创造出新的物联网产品。

作为为人服务的程序，客户端产品设计的核心是满足人各方面的需求，如满足某项任务的需求、情感需求、个性化需求，这些需求最后都会以功能或服务的方式提供给用户。不同类型的客户端所需要具备的功能也是不尽相同的，不过还是有一些共通的或基础的功能模块，下面就为大家介绍一下相关的功能模块。

① 账号体系。这是一个最基本的功能模块（当然也有一些工具类产品在理论上是不需要账号体系的），它是记录用户操作和用户数据的一个 ID，通常是在客户端内注册创建或使用第三方账号体系授权创建。无论用哪种方式都会在应用内形成唯一的 ID 来对用户进行标识。因为在账户中记录着用户的很多信息，所以客户端除了提供 ID 创建，还要提供 ID 登录验证及信息修改等功能。

② 业务模块。不同类型的产品所具备的功能是不同的，但大部分都可以抽象为信息显示、操作输入、结果输出等几个方面。例如，社交产品、信息流产品、外卖产品、打车产品、设备控制产品等。不同产品根据业务和需求的不同，其信息显示、操作输入和结果输出都是不一样的。

③ 业务数据展示。是指产品相关的数据展示功能，如硬件设备采集的实时数据、历史数据及分析后的结果数据等。

④ 业务功能操作/控制。此功能在 B 端（指企业、商家等）的硬件上可能会被分为两部分，一部分是针对数据的操控和编辑，如业务数据的处理配置或硬件设备的维护和用料记录等，另一部分是针对硬件产品的操作和控制。C 端（指个人用户）的硬件上一般只有对硬件产品的操作和控制功能。

⑤ 消息模块。消息模块一般分为系统对用户、用户对用户、设备对用户三种。

针对不同类型的信息推送的处理方式、优先级、权重也是不同的，需要根据消息的类型进行区分。

a. 系统对用户的消息：可以分为两种，一种是满足用户业务需求的有用消息，如订单通知、结果通知、异常通知、好友认证、安全通知等；还有一种是对用户"无用"的消息，如广告推送、活动消息等。

b. 用户对用户的消息：主要包括社交产品中好友之间的信息交换、商家和买家的信息交换及陌生人之间的信息交换。

c. 设备对用户的消息：是由于物联网行业的兴起而新出的一个概念，主要包括设备自身状态的信息、设备检测事件的信息及设备事件处理的信息。

⑥ 设置模块。设置模块是一个很庞杂的模块，基本所有需要设置、编辑、修改的东西都可以放在这个模块中，甚至有些纯信息展示的内容也会放在这里，如"关于我们""用户协议"等。当然它核心的功能还是对一些可配置的功能或参数进行编辑和修改，如不同信息推送方式的设置、账户信息的编辑和修改、客户端功能开关的设置、客户端 UI 界面的设置等。

⑦ 设备管理。对硬件设备进行全面的管理，包括添加设备、移除设备、修改设备参数、查询设备信息等功能。

⑧ 设备状态。用于显示设备的在线、离线、异常、报警等状态。通常像 B 端这种包含大量设备的系统才会单独把设备状态作为一种监控设备的功能模块，一般像 C 端这种包含少量设备的系统通常会把设备状态和其他功能模块设计在一起。

2.3.3　后台云服务

后台云服务是各种运行在云服务器上的应用程序，它既承载着用户和设备信息的展示和操作，又连接了数据库和物联网平台，实现了用户与数据、用户与设备之间的关联和交互，是整个系统中的中枢系统。关于后台云服务，我们做一下基本的了解就好，在实际的产品中会有后台开发人员进行具体的设计，下面我们介绍一下服务器的主要功能及与智能硬件相关的概念。

① 数据处理。利用多种选择标准对数据进行管理，主要包括数据的逻辑、条件判断和结果执行，以及利用算法对数据进行处理，从而得到结果数据。

② 操作控制。根据用户的操作指令或自动逻辑判断，通过 IOT 平台对设备进行操作和控制，是用户和设备之间的控制桥梁。

③ 信息传递。将设备的信息，按照用户的操作或数据，推送到业务平台展示给用户，实现设备信息和用户的交互。

④ 信息处理。对设备的状态信息、警报信息等进行逻辑判断和信息的分发，从而实现设备与用户之间的主动交互。

⑤ 账号权限。承担用户账号的管理及用户账号和设备之间关系的绑定。

⑥ 设备监控。物联网的特性是设备多、分布散、无人值守等，并且这些设备都是直接对现实世界中的事物进行监控和控制的。如果它们出现问题则会直接影响现实世界的运行，因此物联网服务器对设备运行状态的监控和远程控制是必不可少的一项服务。通过这项服务可以监控设备的运行状态及即将出现的异常并在出现异常后及时进行处理，以免设备停止工作造成更大的影响。

⑦ 中台。这几年在互联网圈中，"中台"突然变成了一个流行词汇，可以用汇总、抽离、封装、输出这四个词表达，这也是我最近在 B 端的几个物联网项目中的一些感受。中台不是特指一种产品，而是一种思维和架构。

a. 汇总。无论是在 C 端还是 B 端的物联网产品中，我们发现，一个单独的产品是很难满足用户在某方面的全部需求的，所以就需要多个产品协同，来满足用户的需求，因此在物联网行业中就需要用一种方式将多种产品的数据和能力进行汇总处理，以满足用户的全部需求。这些产品有可能是一家公司的，也有可能是多家公司的，由此也就产生了小米、天猫、百度、华为等物联网平台，它们的作用就是将不同产品的能力汇总并连接起来，以达到万物互联的目的，给用户提供全面的、无缝连接的物联网体验。同样作为做单品的公司也要考虑，是否需要将自家产品的能力汇总起来输出到这些平台上。

b. 抽离。绝大多数产品的很多需求都是相同的，如账号系统、设备状态监控系统、消息推送系统、数据系统等，如果每次研发产品时都去独立开发这些系统会浪费很多资源。不同产品的特性也是不同的，所以无法将多个产品集成到同一个产品或系统中。抽离就是将产品的共性需求、功能、数据抽离出来，进行统一开发和管理。

c. 封装。封装是指将抽离出来的需求、功能、数据统一开发后封装成服务组件提供给前台（指用户接触的客户端或服务平台）使用，以提高应用的开发效率和平台的灵活性。

d. 输出。输出是指将封装好的服务组件输出给前台使用，让前台可以专注于产品的业务开发。这就好比战争中的后方保障部门为前方的战斗小组提供粮草、弹药和战略支持，每个战斗小组只需专心投入到自己的战斗中即可。当有新的战斗打响时，得益于后方完整的保障体系，战斗小组可以专心、快速地投入战斗。

2.3.4　数据库

数据库就是一个数字信息的存储仓库，整个系统中 80% 左右的数字信息都以不同的数据类型存储在这里，由不同的设备或程序写入、读取，从而完成整个系统的运行。数据可以分为三种，分别是原始数据、业务数据及日志。存储数据的数据库类型也有很多，我们主要了解关系数据即可。

① 原始数据库。原始数据库是指那些存储原始数据的地方，如传感器采集到的数据、设备的状态变更等。

② 业务数据库。业务数据库是指那些根据相关的逻辑、条件处理而成的数据。

③ 日志。日志包括整个系统中各种配置的记录、控制的记录、信息修改的记录等。

④ 时序数据库。时序数据库是一种以时间为主体，按照时间轴记录数据的数据库类型，在物联网系统中较为普遍，其原因主要有两点。第一，在很多物联网设备的使用场景中都是多种设备联动工作的，所以相关人员就需要参考一种共同的标识来实现数据的协同互通，从而实现多设备数据的融合处理及多设备的联动控制等。第二，在物联网中很多设备采集的数据都是需要综合起来进行分析的，比如云层移动数据、环境的温度数据、设备的运行数据，这些数据如果仅仅进行单点分析，其价值就会被大大削弱，所以需要通过时间线对多条历史数据进行分析，从数据的变化中得出有用的结论，以及从历史数据的变化来对未来进行预测。

2.3.5　IOT（Internet of Things，物联网）平台

IOT平台是物联网行业中的一个概念，我们可以把它看作一个管家，让它去承担硬件设备的接入、设备状态监控、数据收发及账号权限管理等任务。利用 IOT 平台可以尽可能地把上层应用程序和物联网设备管理程序解耦合，从而增加整个系统的健壮性和可扩展性，让上层应用更加灵活，从而适应不同的业务和应用场景。IOT平台既可以自己研发也可以使用第三方提供的服务，如阿里云、腾讯云及中国移动OneNET 等 IOT 平台。

① 设备管理。负责设备类型的验证及设备的增、删、改、查等，从而使其可以接入不同的硬件设备。

② 物连接。通过不同的互联网通信协议连接不同的硬件设备，实现硬件设备与物联网平台的互联和通信。常用的通信协议有 MQTT（Message Queuing Telemetry Transport，消息队列遥测传输协议）、TCP（Transmission Control Protocol，传输控制协议）、UDP（User Datagram Protocol，用户数据包协议）、HTTP（HyperText Transfer Protocol，超文本传输协议）等。

③ 设备状态。通过心跳等机制实现对物联网设备的状态监控，并基于不同的设备状态触发相应机制，满足整个系统对硬件设备的监控、报警等需求，从而保证整个系统的稳定运行，以及在出现问题后能够及时发出警告。

④ 设备组管理。针对不同类型的产品或满足不同业务的产品进行编制控制和数据处理，实现系统对不同应用场景的兼容性和可扩展性。

⑤ 远程配置。大多数的物联网设备是放置在不同的地方的，人们也很少能随时接触到这些设备。但是由于不同的使用场景或任务，相关人员经常需要对设备的一些功能进行配置和修改，所以这些设备需要具有远程配置功能，从远端的程序上直接对硬件设备的配置和功能进行修改，以减少硬件产品的使用成本和难度。

⑥ 消息推送。将设备上线、离线、状态变更等情况主动报告给上层应用，信息以推送的方式发送处理，从而让上层应用可以根据相关信息做出逻辑判断，以及设备的控制或推送给用户进行决策。

⑦ 在线调试。和远程配置类似，是以更加程序化的方式对设备进行调试，这种方式偏向于使用代码级别的原始指令或配置文件进行操作，而非用户使用的开关或参数修改，因此在线调试功能一般不会为普通用户开放。

⑧ 数据解析。根据不同的协议对收到的数据进行解析，然后存入相应的数据库供其他系统和程序使用。

⑨ OTA 管理。因为物联网设备通常是在无人值守的状态下运行的，因此不能像手机 App 那样，通过在应用市场中下载安装包的方式进行更新迭代，所以物联网的

设备就出现了另外一种固件的更新迭代方式，这就是 OTA 管理，也就是空中升级或远程升级，它是一种可以自动对程序进行更新和升级的机制。OTA 管理是在硬件设备的固件上写个轮询的程序，定期去云端轮询有没有比当前固件更新的版本，如果有就自动下载并更新，从而实现物联网设备的自动更新和进化。IOT 平台的 OTA 管理就是硬件设备固件管理的地方，在这里可以配置不同版本的固件或设置相应的固件分发逻辑，让物联网设备可以按照控制进行更新迭代。

⑩ 安全认证/权限控制。物联网设备是存在于现实世界中的硬件实体，它们不仅可以采集、监控现实世界中的信息，还可以反过来对现实世界中的实体进行控制，所以物联网设备的安全性就变得更加重要了。安全认证及权限控制等相关功能就是为了保证物联网设备的通信安全，安全认证主要是通过证书或秘钥对访问权限进行控制，不同的访问权限能调用的数据、控制指令是不同的，没有经过认证的设备无法与系统进行通信。除此之外，还有通过数据加密、IP 地址限制等方式来保证物联网设备的安全性。

2.3.6 设备固件

前面说到固件除了是硬件设备的"管家"，管理着硬件设备的使用规则和标准，还需要做一些数据读取、逻辑判断、指令执行等工作。因此固件就需要一些其他的功能来保证自身的稳定运行，尤其是那些数量大、分布散、无人值守且独立运行的传感器、执行器等设备。下面为大家介绍一下固件程序的一些基本功能。

① 业务逻辑处理。不同的设备所对应的功能也不同，如一个用于数据采集的传感器，其相应的业务逻辑就是数据的采集、数据的加工和处理及利用通信模块对数据进行收发等。如果是控制器则其主要的业务逻辑是指令的接收和结果的反馈及指令的执行等。当然绝大多数产品都是同时具备这两种类型的特性的。

② 远程配置。远程配置是指远程修改设备中相关参数配置的功能，如修改传感器的采集频率、数据上报的频率、数据处理的规则、数据上报的服务器地址及手动控制和自动控制的相关逻辑条件等，此时就会用到远程配置的功能对设备参数进行远程修改，省去人员到放置设备的地方进行修改的麻烦并节省设备运营与维护的成本。

③ 安全认证。现在的物联网设备都具备采集数据或控制事物的能力，如果这些能力被不法分子乱用，将会严重危害我们的生活。例如，家中摄像头的图像被别人窃取、家里的门锁被别人控制等。因此，需要通过一些安全认证机制保障安全。常见的安全措施主要包括设置访问权限和通信加密，其中包括证书认证、密钥认证、IP 限制、数据加密等，安全性更高的方式是采用多种安全措施，例如一台设备一个证书+IP 限制+数据加密等。

④ OTA（Over the Air，空中下载）。产品在更新迭代或出现 Bug 的时候难免需要对设备的固件进行更新，就像我们更新 App 一样，但因为很多设备是无人值守的或为了减少用户的操作成本及提高用户体验，所以需要一种可以轻松对设备进行远程升级的机制，OTA 就是这样一个远程升级的机制。需要注意的是在进行 OTA 升级前，固件必须要有备份，以防设备在升级中由于固件包不完整或程序出错，使设备无法正常启动而报废。备份功能是指在更新程序时把原有的程序隔离备份到一个安全的区域，如果设备在更新过程中出错则自动切换至原有程序运行，从而避免设备报废。OTA 的逻辑是设备端定期向服务器中的 OTA 服务轮询是否有新版程序，如果有则自动下载并进行更新。

⑤ 心跳机制。很多设备是在无人值守的环境下或无法通过外观判断设备是否正常运行，因此就需要通过一种方式了解设备的运行状态。所以就有了心跳机制，心跳的机制是设备定时向服务器上传自己的运行信息，如运行时长、电量等信息，服务器端根据这些信息判断设备的运行状态，并判断设备是否需要检测维修。

⑥ 远程代理。除了通过程序对设备进行远程配置之外，在有些场景中还需要对设备进行更多的操作，这些操作通常是系统级别的，所以无法通过自己写的程序来

实现，因此就需要一种方式来达到实地操作的效果。远程代理便是实现这一目的的一个方法，它是将系统的某些端口桥接到相应的程序或功能上，然后与服务器建立一个连接通道，这样用户就可以通过服务器的代理与设备进行通信了，然后可以通过 SSH（Secure SHell，远程登录的一种网络协议）或者端口桥接程序对设备进行远程控制，这种方式通常出现在大型系统的设备上而非那种单片机系统的设备上。

⑦ 软"看门狗"。很多硬件产品都是需要能够保证 24 小时不间断运行的，因此就诞生了"看门狗"这种保障程序，它是一种可以不间断运行的机制，使设备即便出现死机等问题也能自动进行重启。大致原理是设备在正常运行的时候，每隔一段时间给"看门狗"程序一个信号，告诉它运行正常（俗称"喂狗"），但当"看门狗"在设定的时间内没有收到信号时就会给设备一个强制重启的信号，使其重启以恢复正常运行。这里我们说的是软"看门狗"，它和硬"看门狗"的逻辑一样，但是它并不是一个独立的元器件，而是处理器中的一个程序。软"看门狗"的优点是省钱，缺点是有些情况会导致"看门狗"失效而使设备面临报废的风险，如一些问题导致"看门狗"程序出现 Bug 而失效。

2.4　ID 设计

ID 设计是对一个硬件产品的外观造型、使用方式、人机交互进行设计的一个过程。它是一个产品的有形体现，能够实现产品与人高效、舒适、和谐的交互。

ID 设计作为产品研发的第一步，它的好坏直接影响产品研发的后续步骤和产品的销量。在 ID 设计中，产品经理需要从场景交互、造型、材质和表面处理四个方面进行考量，如图 2-4 所示。产品经理作为一个产品的总设计师，虽然不用亲自动手设计，但是还是要时刻把控产品的大方向和定位的。

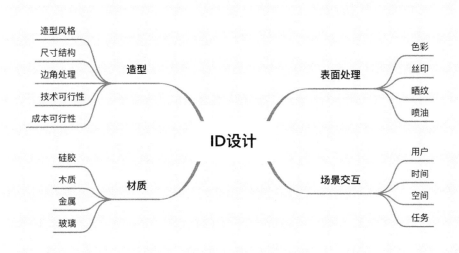

图 2-4

2.4.1　场景交互

在一个产品需求分析和设计之初有四大因素需要考虑，即角色、场景、时间、任务，如图 2-5 所示。不同的角色对于同一个产品的需求也是不同的。例如，同样是播放器，老人的需求是音量大、操作简单；孩子的需求是音量适中、避免伤害听力、年轻人的需求是音质好、功能丰富。

图 2-5

假设要研发一个儿童机器人，那么就要考虑使用对象的年龄、孩子的需求是什么、他们能进行什么操作。对于孩子来说，产品有没有需要特别注意的点、是否需要将机器人做得小巧轻便、需要选择什么材质、产品是在白天使用还是在晚上使用……针对不同的用户、不同的时间、不同的场景和任务需要考虑的因素是不一样的，产品经理需要将这些信息传递给 ID 设计师，便于其设计符合用户需求和特点的产品。

对于 ID 设计师而言，场景也是非常重要的一个因素。针对不同类型的产品，ID 设计师需要考虑的场景不同。下面通过两个案例和大家一起分析一下为什么 ID 设计师要从用户场角度进行思考。"场景"包括场地因素、环境因素、用户心理因素等。

（1）案例一：洗浴室的球形门锁

如图 2-6 所示，洗浴室内的球形门锁的作用是便于开门和关门，其使用环境是浴室，在这个环境中，用户会在以下几种场景中使用球形门锁。

图 2-6

- 场景一：在空手且双手干燥的情况下开关门。
- 场景二：在双手湿滑或门锁有水汽的情况下开/关门。
- 场景三：在双手拿着物品的情况下开/关门。

在场景一中，用户在空手且双手干燥的情况下去开门基本是没有什么问题的，但在场景二中就会出现问题了，因为在洗浴室中我们常做的就是洗漱。洗漱后常出现的情形主要有手没擦干、手部涂抹洗护用品、水蒸气吸附在门把手上等。这几种情形都会导致用户的手与球形门锁之间的摩擦力减小，这种现象会直接导致用户无法正常开门/关门。场景三是发生在用户拿着衣物或端着水盆等场景中，在这种情况下，用户只能放下手中的东西，腾出一只手去拧球形门锁来开门/关门，除此之外并无其他更好的解决方案。

通过上面对浴室门锁在三个使用场景中的分析，我们可以发现，虽然球形门锁外观不错，但在浴室环境中使用球形门锁确实不太合适，因为它会给用户的使用带来很多麻烦。在生活中我们可以见到在浴室中使用球形门锁的情况，出现这种问题的原因很大可能是在装修时相关人员没有根据使用场景去思考应该选用什么类型的锁具。

（2）案例二：交通场所中的购票机

上面我们所说的是一个负面案例，购票机则是一个正面案例。在出门旅行时很多人都是大包小包地拎着不少东西，在这种情况下使用自助购票机取票，我们会发现由于身份证读取器是斜的，我们无法将身份证贴合读取器（见图 2-7），所以我们需要放下手里的东西，一只手按住身份证，一只手操作屏幕来取票。这样的设计给取票的旅客确实带来了一些麻烦，那为什么说这是一个正面的案例呢？

图 2-7

其实这个问题很简单，我们依旧从使用场景的角度去分析。在火车站、机场、客运站等场所中，很多人的第一感受是紧张、快节奏的氛围，在这种人们赶着买票、赶着进站、赶着上车的氛围中，我们很容易忘记或遗漏一些事物。假设身份证读取器是平的，人们很轻易地把身份证放在上面，很容易取了票就走，忘记拿身份证，从而导致身份证件的丢失，带来更大的麻烦。基于这种考虑，绝大多数购票机的身份证读取器，都是需要人们用手按住身份证才能正常使用，通过这种看似不人性化的设计降低了旅客忘记拿身份证件的概率，从而避免给旅客带来更大的麻烦，所以说这是一个正面案例。

2.4.2 外观造型

ID 设计师会根据产品经理所提供的信息去思考产品的风格和对产品造型的处理，针对儿童类的产品，可能在外观上是卡通风格，在产品结构上会尽量做得圆润无死角，避免对孩子造成伤害。假如做的是 B 端产品，ID 设计师就会考虑产品外观的人性化，颜色不能太显眼、结构不能太个性，简约的产品外观最适用于 B 端场景。同时根据产品类型的不同，ID 设计师需要判断产品是否需要和外部产品进行对接，在对接方面采用已有的标准，以便保证后续产品的扩展性和安装的便利性，从而提升产品的竞争力。

设计本来是应该让世界变得更美好的，可是有些产品的产品设计，不仅没有让世界变得美好，反而给用户带来了很多烦恼。作为产品的设计者应该好好想想如何通过产品来帮助用户，而不是给用户增添烦恼。下面我将这个小案例分享给大家，其实好的造型设计并没有那么困难。

如图 2-8 所示，相信左边的情形绝大部分人都遇到过，明明是一个两用的插线板，两个插线孔却永远无法同时使用，每次我遇到这种情况时要么增加插线板做转接，要么把三角插头的顶部削掉一部分才能正常使用。右图是一款新的插线板，它仅仅通过将插孔稍微位移就解决了困扰我们很久的问题。虽然这种设计的美感稍差，但是却有效地解决了问题，在方便用户使用的同时提高了产品的利用率。

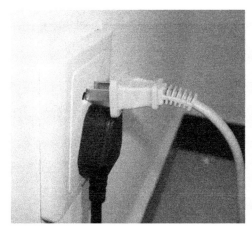

图 2-8

产品设计的美感应该是建立在产品能用、好用的基础上，而不是为了所谓的美感牺牲产品的核心价值。ID 设计师在设计产品时需站在用户的角度分析用户的需求、使用习惯、使用场景等，避免设计出来很多让人反感的产品。

除上述几点之外，在造型方面还有两点需要重视。

① 产品外观设计必须能开模，能否开模取决于拆件，而拆件又与装配顺序、美观性和成本紧密相关，如图 2-9 所示。

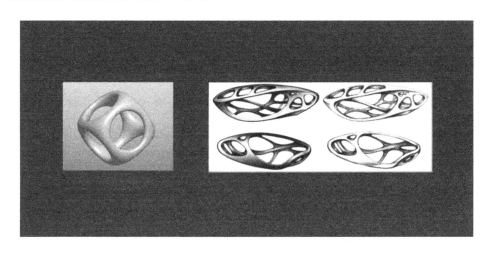

图 2-9

这两个产品的外观设计很不错，但从开模角度来说难度很大，除非 3D 打印，或者做成软胶强行脱模，但是 3D 打印和强行脱模都是不具备量产性的方式。

② 产品外观设计必须考虑壳体是否能够装配主板或其他电子元器件。起码要保证产品的主板等内部元器件能够合理地放在产品内部，而且产品要足够强韧；要确保所设计的产品能够顺利、有序地拼装在一起，避免增加组装难度和组装成本。如果产品的 ID 设计通过评审，就可以通过打板进一步检验和评估产品了。

2.4.3　产品材质

不同的产品在使用材质方面也是不尽相同的。例如，智能音箱这类桌面产品，不能仅具备智能音箱的作用，还要能当作桌面的装饰品，所以这类产品使用塑料、木材都可以。但是孩子用的电子产品应尽量避免使用木质材料，以避免木质壳体、内部元器件被摔坏及木屑伤人的情况发生。针对不同的产品造型，材质选择也不同，如果造型存在一些复杂弧度和拐角则使用塑料或硅胶更合适。针对大型或需要较好的坚固性、散热性的产品使用金属材料比较好。

2.4.4　表面处理

产品的表面是用户首先接触的部分，也是用户接触最多的部分，因此，表面处理要多多重视。通常有彩色喷绘、丝印、晒纹、喷油等处理技术，不同的处理技术有不同的特点。彩色喷绘的颜色较为丰富、可以做一些复杂的图案，适用于一些比较卡通、年轻、潮流的产品。丝印则颜色较少，通常使用单色进行丝印，一般用于 Logo 等需要跟随产品终生的图案。晒纹是直接在模具的表面进行处理，注塑后可直接使用，这种方式可以有效减少表面处理的成本，还可以遮挡模具的瑕疵，但是晒纹完成后，模具基本不具备修改的条件。喷油是一种在产品表面喷涂表面材料的一种方式，这种方式可以做高光、磨砂，甚至可以做出类似硅胶类的手感，容易体现产品的质感，但如果使用不当，效果会很差。

产品的表面效果会直接影响用户拿到产品时的最初感受。好的表面效果不仅在用户初次接触产品时能给用户留下比较好的第一印象，在日后的使用中也会给用户带来持久的舒适感，而不好的表面效果有时不仅不能给用户带来好感甚至还会导致用户退货。

我在 2017 年购买了一个蓝牙耳机接收器，这个接收器简约的外观、小巧的体积及云朵白的颜色非常合我心意，在第一次拿到这个产品后，我的感觉非常棒。这个感觉不仅源于上面所说的几点，最重要的是这个接收器的手感非常棒。虽然它的外壳是塑料的，但是手感却比较细腻，有硅胶感和一点磨砂的感觉，捏起来有点软软的。也许是喷了某种油或做了某种晒纹处理，无论怎样，这个手感给了我很大的惊喜，遗憾的是，这个惊喜也成了我使用半天后感到非常郁闷原因。这个接收器虽然手感极好但是不耐脏。经过不到一天的使用，这个接收器竟然由原本的雪白色变成了类似 Mac 电脑的太空灰，边角直接变为黑色，第二天我便选择了退货。

在 ID 设计中，不仅产品的外观很重要，还有很多需要注意的方面，如耐脏度、抗划痕、边角弧度、缝隙大小等都要根据目标用户进行设计，给用户一个优质的体验。

2.4.5 易于量产，不要炫技

对于产品设计而言，能生产和能量产完全是两个不同的概念，很多产品能生产却不一定能进行大规模的量产，如图 2-10 所示的两款手机，左图是小米第一代的 MIX，右图是锤子的坚果 R1 白色版。这两款手机在当时都存在问题，导致产品难以大规模量产，其原因雷军和罗永浩都曾公开说过。小米 MIX 是因为陶瓷壳体成型的良品率太低，每卖一部甚至都要赔钱。锤子手机的问题基本与之相同，也是出现在陶瓷壳体上，不过锤子手机更多是因为白色陶瓷的脏点不好控制，并且在出现脏点后相比黑色的影响要大很多。在产品的设计中无论是 ID 设计、MD 设计还是 PCB 设计都要考虑产品在实际量产过程中的难度及良品率，避免出现这种能生产却不能量产或制造难度高、良品率低的问题。

图 2-10

在 ID 设计阶段，影响产品量产的因素主要是形体结构和外观材质。

ID 设计师在形体结构方面需要考虑以下几个问题

① 是否可开模：这是最基本要求，如果不能开模，产品量产就无从谈起。

② 结构坚固性：影响生产和品质，在 ID 设计阶段中如果存在坚固性问题，那么后期的壳体良品率、产品组装和在产品使用过程中都会出现问题。

③ 应力集中：过小的圆角容易引起模具的腔应力集中，导致产品开裂、良品率下降。

④ 开孔位置：除非必要，一般应该以简单的圆形孔为主，尽量避免过于靠近产品边缘或在弧度变化较大的地方，以免产生脱模变形等问题。

ID 设计师在外观材质方面需要考虑以下几个问题

① 外观材质：不同的材质能够做的造型有很大的差别，对于材质的选择要考虑产品的使用场景和产品形态的可实现性。

② 表面工艺：不同材质运用不同的表面处理工艺，不同的表面处理工艺具有不同的特性，常用的表面处理工艺有丝印、移印、烫印、喷涂、灌胶、抛光、金属拉丝、磨砂、激光咬花、电火花等，其中后 5 项工艺形成的是永久印记，不会因日常使用而磨掉，如果产品使用摩擦频繁则可以使用这类工艺，如手机。

③ 使用场景：产品的外观处理方式要根据产品的使用场景加以选择，如我们上面提到的蓝牙耳机，作为经常被拿捏、使用的产品，在耐脏性上面一定要非常重视。

2.5　MD 设计

MD 设计（结构设计）是对产品的内部结构和机械部分进行设计，ID 设计师负责的是一个产品的外观造型，MD 设计师负责的则是一个产品的骨架，MD 设计的好坏直接影响一个产品的质量、寿命及成本。

进入 MD 设计阶段后，产品经理同样需要把产品的功能、使用场景、相关元器件、ID 设计要求及对产品的相关要求描述清楚，帮助 MD 设计师尽可能全面地了解产品。例如，产品的重量、材质、坚固程度、防护等级、内部空间等。

MD 设计师需要考虑的因素有很多（见图 2-11），但相比 ID 设计，产品经理在这一阶段没有太多的发言权或太深的介入，其因素我认为主要有两个。

① MD 设计是一个更加偏于理性的"技术活"，并且需要长时间的经验积累。绝大部分产品经理提不出比他们更加专业有效的建议，因此反倒不如把精力放到选择合适的 MD 设计伙伴上。

② 产品经理大部分的精力应该放在研究用户、研究产品和研究市场上，不要把太多的精力分散到很多没有必要且没有能力做好的事情上。做一个产品，需要产品

经理考虑、协调、管理的事情太多了，所以不能所有的事情都亲力亲为，要学会选择合作伙伴、相信合作伙伴及为整个产品负责。

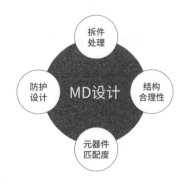

图 2-11

产品经理虽然不用像在 ID 设计阶段一样，那么深入地思考和参与设计，但还是要具备一定的 MD 设计知识，产品经理需要学会"选择合作伙伴、相信合作伙伴及为整个产品负责"，但如果产品经理不具备相关的知识何谈选择合适的合作伙伴呢？如果不能靠知识去判断合作伙伴是否可靠，信任合作伙伴及为整个产品负责就更加无从谈起了，毕竟谁敢把一个非常重要的事情交给一个自己都无法判断好坏的合作伙伴呢？因此，本节依旧从产品经理的角度和大家分享一下，作为产品经理应该了解的、与 MD 设计有关的知识。这里为大家推荐一本关于 MD 设计的书籍——《产品结构设计实务》，这本书是林荣德老师所写，内容浅显易懂。下面我们就一起来看看有关 MD 设计，我们应该了解的知识和注意事项。

2.5.1　拆件处理

"拆件"从字面理解是拆开物件的意思，在 MD 设计领域中，拆件是将一个产品分成几个部件进行加工。ID 设计师和 MD 设计师都会考虑拆件的方式，不过执行这个任务时则是以 MD 设计师为主。一个产品的拆件通常要考虑几个方面的因素，我通过一个例子为大家介绍一下拆件的原则和注意事项。

如图 2-12 所示,这是一个枕型的盒子侧面图,在这个盒子的拆件中有几种看似可行实际却不可行的方案。现在我们一块看一下这几种方式,以及不可行的原因,如图 2-13 所示。

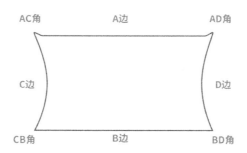

图 2-12

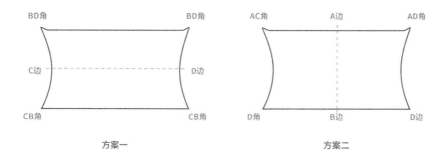

图 2-13

- **方案一**:此方案是沿着虚线在 C、D 两条边的中心点上将模具分成上下两个部分进行拆件。此方案明显是不可行的,因为使用这种方式进行拆件,四个角会形成内倒扣导致模具无法脱模。

- **方案二**:此方案沿着 A、B 边中心点连成的线将模具分为上下两部分,如方案一所述同样存在 AC、AD 角的内倒扣问题,同时还存在 A、B 边过长不易脱模的问题。

- **方案三**:如图 2-14 所示,是将 A、B 边分别拆成一个部件,将 C、D 边部分当作一个整体进行拆件,这种方式不仅可以有效避免角的内倒扣的问题,还可以解决大边过长而导致难脱模的问题，是比较合理的方案。在这个方案里需要注意的是，C、D边的合模线处理，应尽量减少合模线，避免影响产品美观。

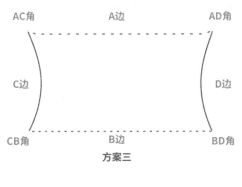

图 2-14

2.5.2 结构合理性

如图 2-15 所示，结构的合理性包含很多方面，如运动机构、支撑机构、元器件固定、内部空间等，它并不是一个非黑即白的概念。这里主要和大家聊聊有关结构合理性的一些想法。下面以图 2-16 所示的机器人为例，和大家从技术可行性、产品研发制造、产品寿命三个方面聊聊结构的合理性。

图 2-15

如图 2-16 是一款量产的机器人，头部可以大幅度转动，底部也可以大幅度转动。由于产品的结构设计存在问题，其存在很多风险点，接下来我就详细说说产品存在的问题。

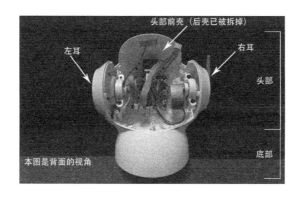

图 2-16

（1）技术可行性方面的问题

从图 2-16 中我们可以看到机器人的头部可以转动，其两个耳朵作为转动的轴中心，在其一侧的耳朵内装有一个马达，用于驱动头部转动，头部前后壳通过两个耳朵和轴承夹紧固定。从技术上来说，这种结构技术是可行的，那为什么还要拿这个问题来进行说明呢？原因是这种设计从技术层面上来说是可行的，但是这种结构设计对精度要求较高，并且存在设计不合理的地方，具体存在以下问题。

① 结构存在大面积的拼合处。如图 2-16 所示，我们可以看到机器人头部的前后壳、左右耳及头部与身体结合处都存在大面积的拼合处。头部转动时与左右耳和身体都存在相互运动，所以对拼合处间隙的大小、精度和模具的要求较高，产品组装也存在不小的难度，组装成本偏高。

② 两耳通过轴承的内外圆相连，没有横向的固定机构，当机器人的耳部受到外力冲击时容易发生耳部位移，从而影响耳部与头部的间隙。

③ 头部与身体的拼合面积大且是弧形面，当机器人受到外力冲击时容易导致间隙发生变化。

④ 驱动马达与头部直接相连，没有减速齿做变速，容易因阻力大而导致扭矩减小。

⑤ 在驱动马达下面有一个位置开关，用于检测头部旋转是否到底。位置开关装

在靠近旋转轴中心的位置，而不是尽量远离旋转轴。位置开关距离旋转轴中心远近的区别在于位置开关距离轴中心的行程较短，难以精准检测头部旋转的位置，需要较高精度的位置开关才可具备良好的效果。这个问题最后也确实导致头部位置检测不精准，后来是通过软件逻辑进行弥补的。这两种方式的区别如图2-17所示。

实际方案中的位置开关距离旋转轴中心太近，导致位置开关和运动行程之间的距离仅有五六毫米的空间，而位置开关的误差基本就有一毫米左右，由此可见，在实际方案中测量的误差有多大。

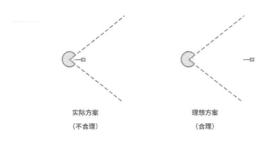

实际方案　　　　　　　　理想方案
（不合理）　　　　　　　（合理）

图 2-17

理想的方案是将位置开关装在尽量远离旋转轴的位置，距离越远，位置开关和运动行程之间的空间越大，这样位置开关本身的误差影响就越小。

注：圆形缺角是头部可运行的行程角度，虚线是行程延伸线，突出的方形图案是位置开关。

（2）研发制造方面的问题

从上面那些技术可行但却不是最合理的设计中，大家应该也能感觉到结构设计给产品带来的影响，下面我来具体介绍一下。

① 由于存在大量的拼合处，对模具精度要求较高，对注塑和组装要求也较高，稍有不慎就会导致头部转动卡顿。

② 由于两耳之间缺少横向固定的机构，在最后组装时轴承容易出现间隙过小的

问题，从而导致头部转动卡顿。

③ 机器人身体部分的模具精度和安装时的力度都会影响头部转动的灵活性。

④ 马达的问题则更为严重，在产品进行疲劳测试时出现多台机器头部转动卡顿甚至无法转动的现象，在更换大扭矩的马达后，虽然疲劳测试通过了，但是在用户使用中却频繁出现头部卡顿的现象。

⑤ 在产品研发过程中通过软件控制解决了位置开关距离旋转轴中心很近的问题。

⑥ 由于产品结构设计不合理、精度要求高，本来想使用的一种喷油工艺也无法使用，原因是结构本身就存在很多的不稳定性，经过喷油处理后，结构间隙更小，机器人头部卡顿的问题会更加严重。

（3）产品寿命方面的问题

在实际的使用中虽然产品的用料不错，但是由于产品结构设计得不合理及孩子在使用中经常出现摔打的行为，有几十台机器在短期内就出现了头部卡顿甚至无法转动的现象，还有部分机器人的马达异常损坏。这些问题提高了售后服务的成本。

谈到产品寿命时，笔者在想一个产品合适的使用寿命应该多长呢？这里我把自己的想法分享出来，希望有助于大家想清楚这个答案。

C 端产品的设计寿命在 2~4 年较为合理，原因如下。

① 根据摩尔定律，每隔约两年的时间，芯片的性能就会提升一倍，那么在 2~4 年的时间里，产品性能就会提升 2 倍左右。当人们使用一个产品超过 2 年就会发现无论从性能还是功能方面来说，自己所拥有的产品都落后很多，因此就会考虑更换新一代产品。

② 大部分人们都会有喜新厌旧的心态，每当入手一个新产品时都会欣喜几天到几个月不等的时间，一般半年到一年后，这种欣喜的感觉就会荡然无存，甚至逐渐出现嫌弃的情绪。通常这个阶段也就一两年的时间，之后不管是因为想获得新鲜感还是外界的诱惑，即便产品本身没有问题也会弃旧换新。

③ 通常一个产品在使用 2 年左右外观都会出现一定程度的磨损，但是我们都希望自己使用的东西是崭新的，因此当产品磨损达到一定程度后也就会更换新的产品。

B 端产品的设计寿命在 5~8 年较为合适，原因如下。

① B 端企业或机构通常做一次规划或决策就需要几个月到一年的时间，并且做一次规划的成本很高，因此对一个产品的寿命要求就比 C 端产品的寿命要求要长很多。企业或机构一般 5~10 年才会进行重新规划和升级，因此 B 端产品的设计寿命在 5~8 年较为合适。

② B 端客户使用产品都是为了满足业务需求，一般业务不会频繁改变并且耦合性较高，因此相应的产品也就不会频繁更新。

产品的寿命不仅由产品的结构决定同时也受产品内部元器件、功能等多方面的影响，产品经理在设计产品寿命的时候需要充分考虑。

（4）元器件匹配度方面的问题

一个产品内部会有很多的元器件，在结构设计中需要考虑不同元器件的特性对结构的影响，上述机器人头部运动和位置开关的案例属于运动部件匹配度的问题，这类问题需要考虑的是运动部件在运动中与其他结构产生的相互作用。除此之外，还要考虑元器件角度的影响及产品策略的影响等。

元器件角度影响是指产品安装有指向性的元器件，如摄像头的 FOV、红外收发器的工作角度、麦克风的拾音角度、雷达的探测区域等，在涉及这类元器件的时候需要考虑元器件工作角度的影响，在不影响产品美观度和功能的情况下，可以尽量把角度设计得宽裕些，这样可以优化产品的容错性，即便在安装时存在一定角度的误差也不会影响产品的使用。

产品策略方面的影响是指有些产品在推出时会有不同版本或性能的区别，在这种情况下，就可能要求产品结构能做到兼容，能够兼容不同版本的元器件，尽量做到结构合理复用，以降低结构和开模的成本。这种情况要多考虑结构复用的收益比，如结构要兼容两个不同规格的元器件，那么两个元器件的兼容是否会导致产品的良品率降低、结构的物料成本变高及组装成本增加等，这些都要计算结构复用的收益比，以判断结构复用是否合理。

（5）防护设计方面的问题

产品的使用环境是多种多样的，因此难免会受到一些外部因素的影响，所以为了保护产品及保证使用者的安全，在进行结构设计时结构设计师需要做安全防护方面的考量。不同的产品其防护等级和防护设计方案也不尽相同。不同产品可以根据行业及产品场景选择不同的标准。下面是常用的 IP 防护等级的说明。

IP 防护等级由两个数字组成，第 1 个数字表示设备防灰尘、防固体等外物侵入等级（这里所指的外物含工具，人的手指等均不可接触到产品内带电部分，以免触电后产品损坏），第 2 个数字表示电器防湿气、防水浸入等的密闭程度，数字越大表示其防护等级越高。

2.5.3 MD 设计需要考虑的因素

结合对上述案例的分析，我们总结一下 MD 设计中的一些基本原则。在实际工作中我们可以根据这些设计原则去评估产品的结构设计是否合理。

① 功能可实现。MD 设计需要保证产品的功能设计可实现，使功能能够良好运行。在整体结构的基础之上要考虑各个结构之间的关系，尽量简化电子结构，从而实现功能可用、结构稳定。

② 符合质量要求。按照产品强度、刚度的质量要求进行 MD 设计，减少应力集

中点、改善受力情况、提高产品强度，以此满足产品的质量要求。

③ 降低装配难度。在满足产品设计要求的情况下，对产品内部的元器件进行合理规划，降低技术难度、组装难度，以提高产品的稳定性、装配效率和良品率。

④ 提高产品的可维护性。通过合理的设计降低产品的故障率，同时从结构角度考虑，在设计中尽量实现模块化设计，降低各个模块的耦合性及拆装难度，以方便检修人员快速判断问题及进行产品拆卸等操作，降低拆卸等操作对产品的破坏性，提高产品的可维护性。

⑤ 对产品性能的影响。产品内部布局会直接影响产品的整体性能，在设计之初就要对元器件布局、电路板布线、各个模块的布局和连接等进行综合考虑。有效避免元器件布局不合理造成的电路之间相互干扰，提高产品的稳定性。

⑥ 对产品寿命的影响。结构的好坏对产品的使用寿命有着很大的影响，在进行 MD 设计时需要综合考虑产品各部件的稳定性、散热性、防尘性、防水性、防潮性、隔热保护性。对电子元器件进行保护，防止产品过早地报废，延长产品的使用寿命，确保电气的连接及机械连接的可靠性。进行防震设计，减少产品在使用过程中产生的噪声。

2.6　模具加工

对于没有接触过模具加工的小伙伴来说，模具一个是很陌生的事物，其实在我们的生活中很容易就可以找到"模具"，如我们自己做冰棒用的塑料模型。其实它就算是一种模具。模具是在工业生产中用注塑、吹塑、挤出、压铸或锻压成型、冶炼、冲压等方法得到所需产品的各种模具。简而言之，模具是用来制作成型物品的工具。在硬件产品行业中还有其他的加工方式，不过通常用模具注塑的较多，所以我们本章主要和大家聊一部模具的加工工艺和流程。

在模具设计加工的过程中有很多步骤，大致可以分为如图 2-18 所示的六个方面。因为模具加工的专业性很强，且模具的好坏对最终产品的影响很大，所以本节将对其进行详细介绍。

图 2-18

2.6.1 需求分析

做任何事情之前都要进行需求分析，模具加工也不例外。下面是模具加工行业承接业务时所需要分析的内容，反过来说，甲方在设计产品的时候也要从以下几个方面进行分析思考。需求分析的主要作用是根据客户对产品的性能要求、精度要求、材质要求、外观要求等确定适合的加工方式、技术指标、模具设计方案，并对结构设计的可行性、客户要求的可行性等进行评估，最后给出模具开发的周期和报价。

① 制件用途。通过所制工件的用途分析模具的相关要求、特殊性，为后续出现的选择性问题提供依据。

② 制件工艺。评估工件的形状、尺寸是否符合产品质量、生产效率等方面的要求。它是用于评价工件结构设计优劣的重要指标，在保证工件使用性能良好的前提

下，研究制造该工件的可行性和经济性。

③ 制件材质。不同的材质具有不同的特性，在模具设计制造时，相关人员会根据制件材质考虑相关事宜。

④ 尺寸精度。制件的尺寸精度对模具所用的材料、制造工艺、制造成本有较大的影响，因此在设计制造模具前需要对制件精度有明确的认识。

⑤ 颜色、透明度。在进行模具加工的时候，相关人员会将一个产品中同一种材质、颜色、透明度的部件尽量放在同一个模具上进行制造，以节省模具制造的成本及后期注塑时的物料损耗成本、模具调整的时间成本，因此在进行模具加工之前，相关人员需要明确产品各个部分的颜色和透明度。

⑥ 使用性能的要求。针对不同的使用性能的要求，相关人员要对模具的设计、用料进行特别处理和修改。

⑦ 结构、镶件的合理性。镶件是指在产品中无法通过模具直接拼合而成的部件，需要通过镶件的方式进行制造，如某些圆孔需要通过镶件的位移来实现，因此结构、镶件的合理性会直接影响模具设计制造的可行性和质量。

⑧ 外观的处理。外观的处理，如喷油、丝印、晒纹、镭雕等工艺决定模具的加工处理方式，因此在进行模具加工前，相关人员需要明确产品外观的处理方式和要求。

⑨ 要求公差与物料的匹配度。甲方要求的公差和加工技术、钢材、物料公差的匹配度，是否可以满足客户的要求及需要付出的成本。

分析结束后，相关人员一般会给出模具的报价表及 DFM 分析报告，DFM 分析报告主要包括模具的进料、分型线、出模斜度、顶针、滑块等方面的分析和优化建议。报价表如图 2-19 所示。

客户：　　　　　　　　　　　项目名称：　　　　　　报价日期：2020/4/3　收件人：　　　　报价人：　　　　　　　开模T1周期大概为35~40天

序号	品名规格	附图/型号/料号/图号	产品尺寸	材料规格&要求	模腔数	注塑机吨位/t	机台费率/元	成型周期/s	产品重量/g	水口重量/g	材料价格(未税)/元	材料损耗5%	材料费/元	注塑费/元	包装费/元	运输费/元	组装热熔	丝印配件	其他费用/元	管理费6%	利润7%	价格(未含税)/元	价格(含税)/元	模具费(未税)/元	备注
1	前壳	××××	156×51×41	ABS+PC_V0	1+1	220	0.013	50	55	4	22.12	8%	1.410	0.351	0.100	0.100			0.250	0.177	0.191	2.68	2.91	8100000	
2	L形支架	××××	151×51×38	ABS+PC_V0			0.013	50	32	4	22.12	5%	0.836	0.341	0.080	0.080				0.107	0.116	1.56	1.76		
3	铆装支架	××××	156×46×6	ABS+PC_V0	1+1	200	0.012	45	21	4	22.12	5%	0.581	0.284	0.030	0.030				0.074	0.080	1.08	1.22	6500000	
4	电池盒	××××	127×40×9	ABS+PC_V0			0.012	45	10	3	22.12	5%	0.302	0.284	0.030	0.020				0.051	0.055	0.74	0.84		
5	P1R支架	××××	17×17×4.5	ABS+PC_V0	4×2	100	0.009	28	0.5	2	22.12	5%	0.058	0.132	0.003	0.003				0.016	0.017	0.23	0.26	3650000	
6	A电池固定支柱	××××	28×15×8	ABS+PC_V0			0.009	28	2	2	22.12	5%	0.093	0.132	0.005	0.005				0.019	0.020	0.27	0.31		
7	电池位	××××	133×44×41	ABS+PC_V0	1+1	200	0.012	40	26	4	22.12	5%	0.697	0.252	0.060	0.060				0.086	0.092	1.25	1.41	7400000	
8	上壳	××××	156×51×19	ABS+PC_V0			0.012	40	22	4	22.12	8%	0.621	0.259	0.060	0.050				0.079	0.086	1.16	1.31		
																			合计:			8.86	10.02	25550000	

报价说明：
1) 报价偶差说明：报价中未核算因后续修改费用进行线缆。对于产品重量和注塑周期相关的注塑周期需相关技术变更后需按实际进行调整报价。
2) 包装方式：一般大件按内托整板+珍珠棉进行包装。小件小包装整袋包装。外箱统一双瓦低端包装。
3) 运输方式：一般件专车运输。当箱情况方按实际情况另计或以空运快递进行发货（费用按需要双方协商面结）。
4) 付款方式：产品款月结30天；模具款预付50%，验收合格后付清余款。

图2-19

2.6.2　模具设计

模具设计是将一个产品拆解成不同的部件，然后通过合理的排位、结构设计等方式，设计出可以批量制造相应部件模具的过程。在这个过程中主要包括胶料排位和结构设计两大部分。

（1）胶料排位

在一个模具中通常会有复杂的形状或者多个部件，如何在一个模具中合理地摆放相应的结构及部件就是物料排位所要做的事情。在这个过程中主要考虑以下几个问题。

① 流道长度。注塑是将熔化的胶料（颗粒状的原材料）注入模具中的过程，在这个过程中胶料所流经的地方叫作流道。流道越短进料的速度就越快，注塑所用时间就越短，冷凝的时候就越均匀，产品的成型效果就越好，这样不仅能提高工件的良品率还能提高产品的生产效率。

② 浇口。浇口是胶料从流道进入工件型腔最后的一道门，它的大小控制着物料流进型腔的速度，浇口的大小和位置会根据物料的特性进行设计，合理的浇口可以降低表观黏度，使充模更加容易。浇口作为流道至型腔最细的一个部分在冷却过程中也是最快凝固的，因此它在流道泄压后能起到封闭型腔的作用，防止型腔内的物料回流。

③ 进胶平衡。在制作同样的部件时会在一个模具上制造多个，以达到快速生产的目的。因为部件距离主进胶口的位置不同，因此就需要通过流道和浇口的设计实现多个部件的进胶（进料）平衡，从而保证部件生产的一致性。

④ 型腔压力平衡。一个较大工件的型腔需要的进胶量相对是很大的，因此有的时候一个浇口是无法在规定时间内完成进胶的，所以就会设计多个浇口。在多个浇口的型腔中就需要注意型腔内的压力平衡，以免出现某些区域进胶不够或存在气泡的问题。

（2）结构设计

上述内容是关于胶料排位的知识，下面来介绍一下模具结构设计。

① 注塑机技术规格。注塑机是利用模具和胶料完成产品注塑成型的机器，它的规格直接影响模具的大小，如果产品需要一个很大的模具，那么就需要选择拥有能满足产品需求的注塑机的模具厂。

② 塑胶性能。塑胶性能是指塑胶原料的各项性能指标，包括颗粒大小、流动性、收缩性、硬化速率、压缩率等性能，模具会根据塑胶原料的性能做相应的处理，所以在模具设计前，相关人员要确定所用物料的类型。

③ 浇注系统。浇注系统是指流道、浇口等构成的系统。

④ 行位机构。行位机构是指侧向抽芯或侧向分型及复位动作的镶件或机构，行位机构设计的好坏会影响注塑时的效率和模具成型的效果。

⑤ 顶出机构。工件在模具中成型后需要将工件和模具进行分离，一般是用顶针将工件顶出去，设计顶出机构时需要注意着力点的均匀以免对工件造成伤害。

⑥ 温度控制。胶料熔化后流进工件型腔进行降温冷凝，冷凝的速度会影响工件的质量和工件生产的效率，因此需要根据模具和工件设计温度控制系统。一般都是通过冷水控制温度，所以在模具内会设置冷水的流道，利用冷水给模具和工件降温。

⑦ 模具材料。模具材料是指制造模具所用的材料，不同模具，其材料的硬度、特性不同。模具的使用寿命也会受制于材料，在选择模具材料时需要根据产品的物料、产量和特性进行选择。

模具修改的代价是非常大的，因此产品经理需要尽量和模具厂明确需求，多多讨教并听取建议，尽量避免由于需求或沟通的不明确而在模具设计上出现问题。

2.6.3 模具制造

模具制造主要包括模具制造和模具加工工艺两方面。我们先来看一下模具制造中的流程部分。在一套模具中主要分为模芯（工件的型腔、流道、水道等部分，一般使用较好的材料）、模框（模芯外围的固定机构，类似于我们的电脑保护壳，一般使用略差的材料）、其他部件（各种顶针、滑块、镶件等）这三个部分。通常加工流程如图 2-20 所示，当然不同的产品和加工方式不同也略有差别。（先后关系并非完全如图 2-20 所示）

在整个模具加工制造的流程中分别会用到不同的加工工艺，下面是常用的加工工艺的介绍，作为产品经理了解了下述加工工艺，已经可以充分满足工作中的需求了。

① 铣。利用刀具自转和移动对钢材做平面加工，其中 CNC 就是铣的一种方式。

② CNC（自动化机床）。利用可编程的数控系统进行自动化的切削加工，可控制各种动作。

③ 磨。利用砂轮旋转，工件在磨床工作台上进行加工，加工进给量较少。一般应用于平面，有些数控磨床可加工弧面。

④ 钻。利用自转并上下移动，钻铣工件的加工方法。一般用于螺丝孔或其他孔的加工。

⑤ 电火花。利用电极放电腐蚀工件，只能用于加工导电材料。应用范围包括纹理加工、骨位电极、CNC 加工不到的地方等。

⑥ 线切割。利用铜丝的高速运动，沿一定轨迹割取工件，可加工工件尖角位置，铜丝直径一般为 0.2mm。这种方法比电火花加工的精度更高。

⑦ 化学腐蚀。利用化学药剂腐蚀工件表面，一般用于工件的表面处理。

⑧ 抛光。产品成型所需的要求，防止脱胶、方便出模。也可用于模具的表面处理。

⑨ 其他工艺。如电铸、仿形铣、铰、镗、刨等，我们就不一一介绍了。

开料

将模芯所用的材料裁切成相应的大小，包括前模芯料、后模芯料、镶件料、行位料、斜顶料

开框

根据模芯尺寸裁切出模框部分

开粗

模具进行粗加工，利用机床将模具的大致形状加工出来，主要分为前模模腔开粗、后模模腔开粗、分模线开粗

CNC　数控铣床

通过编好的程序、利用数控铣床对工件进行进一步的自动化精加工

铜公

制作电火花所用的铜具，主要包括前模铜公、后模铜公、分模线清角铜公

线切割

通过带电的铜线对模具进行加工，主要加工对象有镶件分模线、铜公、斜顶枕位

电火花

主要用于前模开粗、铜公、公模线清角、后模骨位、枕位

斜顶、复顶针、配顶针等加工

主要是对模具斜顶机构、复位机构、装配顶针等配件的加工

钻孔

主要对螺丝孔、孔位、行位、顶针进行加工

图 2-20

作为一个非常传统的实体行业，想真正地学习和理解模具加工制造，还是要多进行实践。如果有机会去模具厂，建议大家多多留心、多多观察。

2.6.4 试模——模具检验及调试

之前我们说过模具的好坏，直接关系到产品的质量，生产效率及成本，所以我们就需要通过试模来发现问题，解决问题。试模通常分为 T_0、T_1……T_n 等阶段，每个阶段都有不同的目的。

① T_0。这个阶段通常在模具制造初步完成之后，此时模具并未进行过测试验证，因此 T_0 阶段的主要目的是发现模具存在的所有问题，通常是模具厂进行自测，当然如果方便的话，建议甲方也可以一同参与。

② T_1。T_1 阶段的试模，模具厂方会与甲方一同参与，此时理论上 T_0 阶段存在的问题应该已经全部解决了，甲方主要是检查工件成品是否能满足产品需求及其生产稳定性，如果有问题则继续进行修模、改模，并再次进行其他阶段的试模，直至模具得到双方的认可，具备稳定量产的条件。

试模阶段会全方位测试模具，并对模具进行调试，以发现模具的最优参数或出现问题的原因。下面是在试模过程中需要关注的几个方面。

- 模具机械结构测试。模具机械结构测试是指在低压情况下进行模具的开合测试、顶出机构运行的测试、行位（滑块）的动作测试，主要目的是测试分析模具各个机构的运行是否流畅、是否能够达到"无卡顿、无异响"的标准。此项测试完毕后方可进入下一步测试。
- 模具注塑测试。模具注塑测试是指对在注塑时模具内型腔的压力、胶料填充速度和黏度、锁模力的大小（注塑机带给模具的挤压力）、保压时间（浇口冻结）、模具冷却时间进行测试，目的是测试出模具最合理的进料速度、黏度、锁模力、浇口冷却时间、模具冷却时间等，以及模具的设计制造是否合理，是否会出现披风、缩水、缺料等现象。

经过测试后会发现模具存在的一些问题，接下来就要针对问题进行修复和回归测试了。在产品测试通过后即可逐步投入生产，在模具生产过程中及模具放置时需要对模具进行防锈等方面的养护，一般这项工作都是模具厂来完成的，当模具暂时停产时，一般也是委托模具厂进行模具养护的工作。

2.7　电子电路

在一个产品中还有一个很重要的部分就是主板和相关元器件，前面我们把 ID 设计比作人的长相，把 MD 设计比作人的骨架，主板和元器件便可以比作人的内脏、血脉和神经。PCB 作为元器件的承载平台，承担了元器件的固定连接、能量传输、信息传输等任务，它的好坏直接影响主板的性能和稳定性及设备的使用寿命。元器件主要包括处理器、储存器、传感器、执行器和通讯器等，如图 2-21 所示。处理器承担了信息处理和指挥调度的工作、储存器承担了信息储存的工作、传感器负责感知相关事物、执行器负责实际任务和动作的执行、通信器负责产品与其他产品相互通信的信息转发。

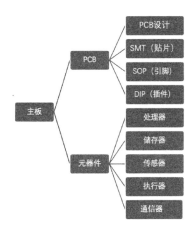

图 2-21

因为不同产品使用的元器件不同，其特性、功能也不尽相同，感兴趣的小伙伴可以自行查询相关资料。

2.7.1　PCB 与 PCBA 的区别

在电子电路行业中，PCB（Printed Circuit Board，印刷电路板）、PCBA（Printed Circuit Board Assembly，装配印刷电路板）是相关人员经常接触的两个词。PCB 是指没有任何元器件的电路板，即印刷电路板，是根据元器件针脚和功能通过设计布线所生产的连接各个元器件的电路板，它就像人体的血脉和神经一样传递着能量和信息，同时也是各个元器件的载体。PCBA 则是贴片厂在拿到作为原材料的 PCB 后，先在 PCB 上印刷焊膏，然后在 PCB 上面放置元器件，如 IC、电阻、电容、晶振、变压器等电子元器件，放置完成后，经过回流焊炉高温加热，就会完成元器件与 PCB 之间的连接，从而形成 PCBA。也就是说 PCB 经过 SMT 贴片和插件之后所形成的主板就是 PCBA。两者的区别如图 2-22 所示。

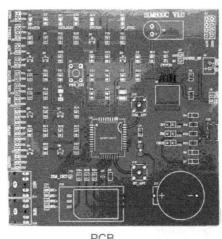
PCB

PCBA

图 2-22

2.7.2　PCB 设计

PCB 设计是一个专业性比较强的工作，产品经理虽然不用动手做设计，但还是需要了解 PCB 设计中的流程和原则，这对于做项目管理和产品把控都是有好处的，下面我们就介绍一下 PCB 设计中的流程（见图 2-23）和原则。

图 2-23

（1）元件库准备

元件库是在 PCB 绘图软件中根据元器件按照实际尺寸及管脚属性和规格创建的虚拟元件，用于印刷电路板的绘制。和软件产品经理在 Axure（一种制作原型的软件）中使用的元件库作用相同。元件库分为 PCB 元件库和 SCH 元件库。

PCB 元件库是按照元器件实际尺寸创建的，用于设计绘制印刷电路板，其要求与实际元器件规格相同，否则会影响印刷电路板的质量或导致其无法生产。

SCH 元件库是绘制原理图所用的元件库，相对 PCB 元件库的要求较低，能表现出各个元器件的管脚属性即可。

（2）原理图设计

通过使用 SCH 元件库将产品中所用电子元器件按照设计思路和元器件各管脚属性定义相连绘制出原理图，验证其电子电路的设计是否可行。其作用类似软件产品经理绘制的低保真度原型图。

（3）PCB 布局

PCB 布局是指将相关元器件按照元器件特性和相应的结构进行合理布局，在布局前先要确定原理图是可行的，然后根据原理图进行布局设计。PCB 布局中主要有以下几项原则或注意事项。

① 插件安装。布局时相关人员需要考虑各种插件（如开关、接口、指示灯）的安装方式，是直插、卧放还是竖放，这些因素对布局都有影响，同时也要考虑元器件与元器件之间安装位置的相互干扰，尤其是带扩展板等部件的地方。

② 元器件布局的合理性。根据元器件的特性进行区域的划分，以保证元器件不会相互干扰。元器件的区域主要包括数字电路区（既怕干扰、又产生干扰）、模拟电路区（怕干扰）、功率驱动区（干扰源）。

③ 功能相近性。对于功能相近的元器件应尽量将其位置靠近，布线简洁。例如，电线接口，电源处理的元器件等。

④ 质量大、体积大的元器件。对于这种元器件需要注意其安装和固定的合理性及其承重能力，保证元器件之间没有干扰且固定强度合理。

⑤ 发热元件。例如，变压器、CPU、GPU 等高发热的元器件，要设计合理的散热系统，保证元器件在规定温度下运行以免影响其性能。常用的散热方式包括风冷、水+风冷及将热量导至壳体进行自然散热三种方式。

⑥ 元器件与接口距离相近性。如I/O驱动器等需要引出结构的元器件，与其接口插件的距离尽量相近，以降低中间电路的长度和干扰，提升电路板的美观性及合理性。

⑦ 布局均衡。布局间隔合理，不能出现头重脚轻等情况。

（4）PCB 结构设计

PCB 结构设计是在已经确定的电路板平面尺寸和各项机械定位的基础上与 PCB 布线同时进行，主要是合理的设计主板所需的插件、按键/开关、数码管、指示灯、输入、输出、螺丝孔、装配孔等的位置，并充分考虑元器件对布线区域和非布线区域的干扰（如螺丝孔周围非布线区域是多大）。需要特别注意的是，在放置元器件时，一定要考虑元器件的实际所占面积和高度、元器件之间的相对空间位置、元器件放置的朝向，以保证电路板的电气性能良好及生产安装的可行性和便利性。同时应该在保证上述原则能够体现的前提下，适当调整元器件的摆放，使之整齐、美观，如同样的器件要摆放整齐、方向一致，不能摆得杂乱无章。

（5）PCB 布线

布线是在 PCB 布局后的一项工作，它的作用是在 PCB 上将相应元器件用导线进行合理的连接，在 PCB 设计中它是非常重要的一道工序。它的好坏直接影响印刷电路板的性能和可实现性。一般而言，布线有三种境界，第一种是布通，也就是 PCB 的线路可以将各元器件连接相通，不出现飞线等情况，这是布线最基本的要求。第二种是满足产品性能的实现，电路在布通的前提下进行调整优化，使相关元器件可以正常工作而不出现干扰、被干扰的情况，这是一个电路板合格的基本标准。在不影响印刷电路板性能的前提下，电路板的层数越少越好。层数越少，制造成本和难度就越低。第三种是规整好看，在保证元器件性能的前提下线路布线整齐划一，不能纵横交错、毫无章法，以便于制造和检修。

PCB 布线时要遵循以下几项基本原则和注意事项

① 布线宽度。在布线时一般先布设电源线和地线，在条件允许的情况下应该尽量增加电源线、地线的宽度，以保证电器性能良好，他们的宽度关系是地线宽度＞电源线宽度＞信号线宽度。对有数字电路的 PCB 可用宽的地线组成一个回路，即构成一个地网来使用（模拟电路的地线则不能这样使用）。

② 避免干扰。针对特殊线路，如高频线等信号线的特殊处理，输入端与输出端的边线应避免相邻平行，以免产生反射干扰。必要时应加地线隔离，两个相邻层的布线要互相垂直，平行容易产生寄生耦合。

③ 信号线的处理。时钟线等关键线路应尽量短而粗，如有可能，尽量在关键线路的两边加上保护地线，以减少信号延时和干扰。信号线应尽量避免出现环路，如不可避免，环路应尽量小，信号线的过孔也要尽量少。

④ 检测维修。关键信号线应该留有检测连接点，以方便调试、生产和检测维修。

⑤ 避免 90°折线。尽可能采用 45°的折线进行布线，不可使用 90°折线，以减小高频信号的辐射。

在完成 PCB 的线路设计后便会通过打样的方式生产出一些 PCB，并焊接好相应的元器件，使其成为一个可用的主板。并对其功能和性能进行测试，寻找出问题并加以解决。修复后会再次进行打样测试，当经过几次的优化验证后便会与其他部件一同进入 DVT 验证阶段。

2.7.3 SMT ：表面贴装技术

我们已经知道，PCBA 是 PCB 贴上元器件后的产物，SMT 则是将 PCB 变成 PCBA 的那道工序，俗称贴片。现在的 STM 工序基本都是一条完整的机器流水线，PCB 空板从流水线的一端流入，经过不同机器的贴片、插件后从另一端直接流出 PCBA。在这个过程中主要有以下几个流程。

① 将 PCB 放在 SMT 的 PCB 物料架上，机器会自动将 PCB 送入 SMT 流水线。

② 机器会先将 PCB 置于钢网下方，刷上焊锡，PCB 每个需要涂抹焊锡的地方在钢网对应的部位都会加工出相应的孔，将二者贴合在一块之后，在钢网上涂抹焊锡，使焊锡通过钢网上的孔黏在 PCB 相应的地方，钢网如图 2-24 所示。

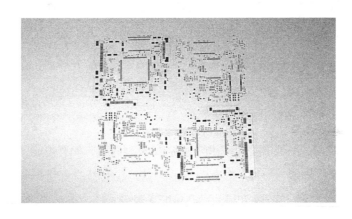

图 2-24

③ 在涂抹好焊锡后，相关人员会在相应设备的辅助下对焊锡涂抹的情况进行检查。

④ 接下来就进入了贴片/上料的环节，贴片一般分为两种，一种是小型元器件，如电阻、电容、电感等，这种元器件通常使用的是快速贴片机，其贴片的速度非常快（大家可以在公众号"智能硬件产品汪"中回复"贴片机"，查看相关视频）。另一种是对稍大型的元器件进行贴片，如 IC、BGA、连接器等，这类元器件体积和重量较大，且精度要求高，因此使用的是慢速贴片机。贴片机如图 2-25 所示。

图 2-25

⑤ 在贴片机将元器件打在 PCB 上后，PCBA 进入回焊炉之前通常会设置一道检查的工序，用于挑选出打偏、缺件等有问题的 PCBA 并及时进行修改。

⑥ 经过确认后的 PCBA 会进入回焊炉，在炉内利用约 220 度左右的高温将焊锡熔化，贴上所需的元器件，焊锡冷却凝固后即将元器件与 PCB 焊接成一体。

⑦ 冷却后的 PCBA 会进入到 AOI（Automated Optical Inspection，自动光学检查仪）站点进行自动光学和人工检测，用于检测出不符合标准的 PCBA。

⑧ 在经过 AOI 和人工检测后会针对一些无法使用 SMT 机器进行贴片的元器件进行手工焊接，此工序一般放在 AOI 和人工检测流程之后，主要用于区分后期出现问题的工序。

⑨ 在 PCB 完成所有的贴片工序后便会进入 ICT（In-Circuit Test，电路内测试）

阶段，即对电路板开路/短路进行测试。ICT 的主要目的是检测电路和元器件经过 SMT 流程后是否存在开路/短路的问题，各个元器件是否因高温焊接而损坏。此流程通常是在电路测试机台上完成的。

⑩ SMT 的最后一步是对 PCBA 进行功能测试，也就是在 PCBA 上连接相关附件进行完整的功能测试，此测试是为了弥补 ICT 的不足，因为 ICT 仅测试电路板的开路/短路，对其功能并未进行测试。

2.8 硬件产品的主要测试验证阶段

一个硬件产品从概念到产品的过程中需要经过很多个阶段，不同的阶段完成不同的任务。每个阶段都要进行一步一步地测试验证，以便尽早发现问题并解决问题，从而避免较大的设计、技术、可行性方面的风险。本节主要介绍硬件产品在研发过程中几个重要的测试验证节点，通过这些测试保证产品的可行性并规避一定的风险。

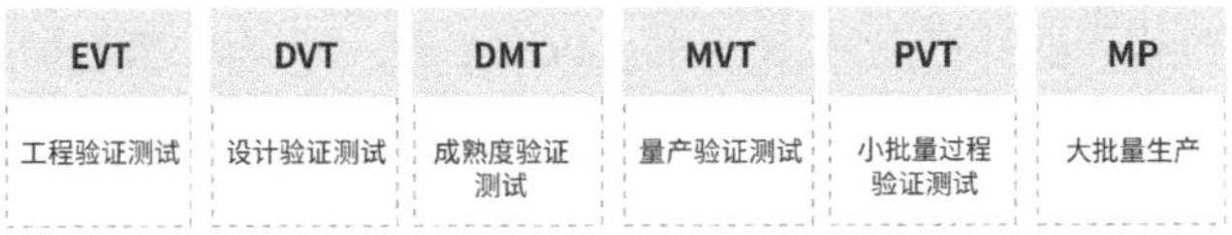

EVT	DVT	DMT	MVT	PVT	MP
工程验证测试	设计验证测试	成熟度验证测试	量产验证测试	小批量过程验证测试	大批量生产

图 2-26

如图 2-26 所示，EVT（工程验证测试）阶段、DVT（设计验证测试）阶段、PVT（小批量过程验证测试）阶段是比较通用的三个阶段，其中 DMT（成熟度验证测试）阶段和 MVT（量产验证测试）阶段一般都包含在 DVT 阶段和 PVT 阶段中。MP（大批量生产）阶段虽然不是产品研发周期中的某个测试验证环节，不过作为最后的生产环节，我还是一起介绍一下。

（1）EVT（Engineering Verification Test，工程验证测试）阶段

EVT 阶段是研发人员最初验证设计方案可行性的阶段，此阶段主要验证产品功

能实现方式的可行性。一般这个阶段是在万能板上焊接相关元器件，从而验证设计可行性及发现相关问题。还有一种方式是通过购买一些成品开发板和相关传感器、执行器的方式进行设计思路的验证，树莓派就是一款入门级的开发板，当然由于需求不同，用于测试验证的开发板也是不同的。这个阶段很重要的任务就是把所有的设计问题都找出来，验证设计方案的可行性、稳定性、安全性。

（2）DVT（Design Verification Test，设计验证测试）阶段

在经过 EVT 阶段的测试验证后，产品的设计方案便会确定下来，电路板等元器件的选型和大小也基本确定了，此时 ID 设计、MD 设计、软件研发便会同步进行。

这是研发过程中的第二个里程碑的阶段，在电子电路、ID 设计、MD 设计都完成后便会通过打样的方式输出电路板和壳体的样品，此时会将壳体、电路板等元器件组装在一起。由研发部门和品控部门的相关人员一同对产品的样品进行测试验证，目的是验证样品在产品设计和制造方面是否存在问题，样品的所有功能是否均可正常使用且符合安全方面的要求。这个阶段的验证通过后便不会对产品设计方案再做改动，所以此阶段需要对产品功能、性能、可行性、可量产性等做全面的测试验证，并保证其符合产品需求和产品标准才能进入下一个流程，不然则需要继续对相关方案和元器件进行修改，直至产品设计方案不再需要改动。

（3）DMT（Design Maturity Test，成熟度验证测试）阶段

DMT 阶段一般会和 DVT 阶段合并成一个测试阶段，不过也有分开进行说明的。

DMT 阶段是对产品成熟度进行验证的流程，目的与性能测试有点相似，主要是测试产品在各种极端情况下的性能表现。例如，进行极端使用环境、复杂网络、高性能要求的场景及极端的使用时长等方面的测试，这种测试是检验产品稳定性和发现潜在问题的一种有效方式。有时候这个过程可能不会被大家重视，但是这个阶段却是十分重要的，所以建议大家一定不要忽略这个测试阶段。

（4）MVT（Mass-Production Verification Test，量产验证测试）阶段

经过 DVT 和 DMT 两个阶段的验证后，产品硬件需求设计便确定下来了，进而开始模具的开模步骤，同时软件部分及全部功能在此阶段也将开发完毕，此时也将制造出小批量的电路板样品。待模具进行到T1、T2 阶段的试模时便会制造出小批量的壳体。此时我们便可以开始 MVT 阶段了。MVT 阶段主要是针对产品量产可行性的测试。测试内容主要包括壳体方面的批量制造的良品率、段差、间距、变形、披风、毛边、杂质等；电路板方面的功能稳定性、电磁干扰、耐久寿命、环境影响；软件方面的功能、性能压力、使用流程、判断逻辑等。通过此次测试需要从壳体、电路板、软件三个方面判断产品是否具备量产可行性，假如存在壳体良品率低、产出不稳定或电路板的运行不稳定、发热、干扰等问题则不能进入量产环节，需要彻底解决相关问题后才能进入量产环节。

MVT 阶段的上述内容是由研发工程师、产品经理、品控等岗位的相关人员一同完成的。同时建议在此阶段拿出一部分产品组织一次小规模的内测，将产品分发到实际的客户手中进行实际应用中的检验。做这个内测的第一个目的是让用户在实际的使用场景中帮我们测试产品各方面的稳定性，毕竟用户的使用场景有很多是我们想象不到的，可以借助他们的力量帮我们丰富测试的环境和数据。第二个目的是目标用户拿到实际的产品后，更加能够发现产品在产品需求和产品设计方面存在的问题，虽然在产品设计前期相关人员就会对用户进行调研，不过用户在实际使用产品后给出的反馈其实更加有价值。如果有可能，用户实测的这个阶段越早进行越好。

（5）PVT（Pilot-run Verification Test，小批量过程验证测试）阶段

在 MVT 阶段把发现的问题解决并进行验证后便会进入 PVT 阶段。MVT 阶段是对设计、模具、电路板等方面进行检验，PVT 阶段则更多是对生产流程、工厂工艺、工厂能力、元器件稳定性、性能稳定性及产品质量方面进行检验。

在这个阶段中，将所有壳体、电路板、固件、包材、生产流程、品质检验流程

等全部按照设计好的量产标准进行检验。在 MVT 阶段中，通常制造流程并没有按照大批量方式运行，且产出数量一般是十几台到几十台不等，而在 PVT 阶段中则完全是按照量产标准运行的，一般产出数量是几十台到几百台不等。PVT 阶段主要是由品控部门的相关人员和产品经理一同进行把控，设计师、工程师也会给予协助，此阶段主要是对"物"和"人"两个方面的测试验证。

① 对物的验证主要包括以下几个方面。

- 壳体部件的质量和良品率。
- 电子元器件的质量和良品率。
- 固件、软件的稳定性。
- 包材的质量和良品率。
- 成品的稳定性、质量、良品率。

② 对人的验证主要包括以下几个方面。

- 工厂工作人员的专业能力，尤其是管理人员的能力。
- 产品组装流程的合理性及工人的工作效率。
- 产品质检流程是否合理及其执行力度如何。
- 工厂人员管理规章制度。

在 MVT 阶段，我曾建议大家如果有条件就组织一次小规模的内测，现在到了 PVT 阶段，我再次向大家提出进行内测的建议，因为 MVT 阶段中的产品数量太少，能收到的测试样本也很少，有些问题并不一定能被发现。而到了 PVT 阶段，我们生产了一定数量的产品，足够支持我们进行一次稍大规模的实际场景的用户测试，这样能帮助我们收集到更多的用户反馈。这是产品进入大批量生产之前，最后一次自我检验的机会，这个阶段过后，产品便会开始进行大批量生产，如果到那时再发现问题，产生的影响便会很大且对产品的声誉会有较大影响。因此在 PVT 阶段，我强烈建议大家再进行一次内测，PVT 阶段的内测对于一个产品来说就是最后一道关卡，这个关卡过了，产品的研发流程就告一段落了。

PVT 阶段的内侧和 MVT 阶段的内测不同的是，MVT 阶段的内测侧重发现产品在设计、开发中存在的问题，而 PVT 阶段的内测则更多是针对产品制造过程的质量检验。

（6）MP（Mass-Production，大批量生产）阶段

在 PVT 测试通过后产品的整个生产流程便得以确认，接下来就会根据预期的销售量开始进行大批量生产了。在产品进行大量生产后会出现量产爬坡和 cost down（降低成本）的阶段，这两个阶段都会对生产流程和物料方面产生影响，相关人员需要进行优化调整，因此在这两个阶段也要进行重点测试，以保证生产流程或物料的变化对产品品质没有影响。这两个阶段的测试一般都是由品控部门的相关人员和产品经理进行把控的，生产流程和物料的调整则会有相应的研发工程人员予以确认。

第 3 章

硬件产品的一生

3.1 发现产品机会

发现一个产品/市场机会是做一个产品的开始，产品经理作为产品的管理者、实施者、维护者需要对产品的今生往世做到了如指掌，最先需要知道的就是产品/市场机会的来源，然后判断这个机会的真实性、可行性。产品/市场机会来源不同，产品经理需要做的事情和关注的重点也不同，通常产品/市场机会的来源可以分为基于老板型、基于业务部门型、基于用户/市场型三种。

3.1.1 基于老板型

这是绝大部分产品经理都会遇到的类型。作为一个公司的领导者和拥有者，通常老板提出的产品机会是经过多方面考虑的，所以相对靠谱。但是需要注意的是老板大多是从市场、用户、成本收益比、战略等方面进行考虑的，在具体实现方案和可行性方面不会做太细的考虑，所以当遇到基于老板型的机会时产品经理需要着重挖掘产品需求、验证产品需求的细节，以及从技术、资源、成本和收益等方面评估这个产品机会的价值和可行性，如果发现问题则需要和老板进行深入沟通，交流其风险点。有时明知在技术、成本等方面这个机会并不靠谱或难以实现，老板却还执意要做。遇到这种情况，产品经理就需要去深究老板非要做这个产品的原因，产品经理需要根据不同的原因在研发产品的时候有所侧重。

（1）科研角度，争取技术领先性

这种情况通常出现在技术难以实现或实现成本较高的时候，如果这种问题能够得到解决，那么所做出来的产品一般都会处于行业领先的地位，但是这种问题都是很难解决的，甚至能否解决都是未知的。因此在对待这种机会时要找出问题的重点，用最小的资源以科研的方式去解决问题。在问题未得到解决之前不要投入太多资源把整套产品都做出来，以免问题无法解决而又浪费了过多的资源。

（2）产品线角度，丰富产品矩阵

有时老板让做的产品，其功能、性能较低或成本、性能过高，但是还是要做。这种情况通常是为了丰富产品矩阵，使公司的产品线能覆盖各层次的用户。如果是前者，那么产品经理在做产品时，在保证其基本功能和性能可接受的情况下尽量将成本压低。若是后者则不必太在乎成本，当然这不是不在乎成本的意思，而是说重点是需要把产品的价值、性能、领先性体现出来，即便产品的价格可能让大部分用户都无法接受，如小米手机的 MIX Alpha。通常这两种类型的产品都不是现金牛产品。

（3）公司角度，拉投资、炒概念

有一些产品看起来很炫酷、很超前，但是却无法应用到实际的场景中，如各种想代替人的"万能型"家庭服务机器人。这种产品大部分并不是为了真正投入市场，而是为了做技术探索和研究，当然还有一部分是为了炒概念、拉投资。产品经理做这种产品的时候抱着科研学习的目的去做就行了。

3.1.2　基于业务部门型

在 B 端公司中，与客户接触最多的人就是销售部门的人员，因此很多的需求都来源于销售部门，产品经理通常不能直接获取客户的一手信息。在这种情况下就需要特别注意和销售部门沟通的"潜规则"。大家都知道销售部门的人员都担负着销售额指标，因为销售指标的压力加上很少有销售人员懂产品，所以销售部门就可能出现"谎报军情"、轻重不分甚至"挖坑"等情况。当然这也都是为了能获取更多的订单而已，并不是为了挖坑而挖坑，所以产品经理还要抱着警惕的态度，认真辨别销售部门提出的需求，为其提供应有的帮助。

"谎报军情"是指销售人员将某个客户的个性化需求说成是很多客户的共性需求。销售人员为了拿下一个订单，便会说某种需求有很多客户都反馈了，所以这个需求很重要，一定要做。在遇到销售人员提出的需求后，产品经理要辨别该需求到底是共性的还是个性的、是否值得做及这个需求是当产品做还是当项目做。

轻重不分是指为了尽快获得资源，满足客户的需求，销售人员将一些不重要或不紧急的事情说得非常重要和紧急，催着你提高优先级，尽快完成。但是当你紧赶慢赶地完成后却没有了下文，不仅没有因为快速响应而使项目的进展加快，反而会打乱你的其他安排，导致应该及时响应的需求没有得到及时响应。在工作中遇到这种情况时就要问清楚事情为什么紧急，是客户要求还是销售人员自己许诺的。若是客户要求的，是因为有什么特殊考虑吗，如赶特殊的日子或领导下的死命令等。针对不同的情况采用不同的方式进行处理。

"挖坑"是指当销售人员遇到客户询问而自己都不确定的情况下就信口开河地说"这个事情我们能做！""这个需求简单，XX 时间就能做好！"，甚至把相关事项直接签在合同里。要想避免这种情况，产品经理就需要与相关同事沟通清楚产品的能力边界。

3.1.3　基于用户/市场型

基于用户/市场型是指产品经理自己发现的产品/市场机会，当产品经理有能力去发现产品/市场机会并且能推动产品实现时，其实他就已经达到一定级别了。对于此级别的产品经理，他的思维方式和逻辑会更加靠近一个老板或创业者，在考虑一个产品机会时会从市场因素、政策因素、供应链体系、公司战略、产品矩阵、技术水平、用户需求、成本收益比等方面进行思考。

市场因素、政策因素、供应链体系等主要是与外部环境因素相关的问题，如人们的消费能力是否足够，产品在政府政策方面是被打压还是被鼓励，供应链上下游是否成熟，供应商与用户的议价能力等。通过对这些问题的考虑来确定一个产品机会的可行性。

在公司战略、产品矩阵方面主要思考的是产品是否符合公司战略，是独立的产品线还是产品矩阵中的一员。一个产品的研发可能在外部环境中具有可行性，但是在公司内部环境中却不一定是可行的。新产品要符合公司的定位才能获得老板和团队的认可，产品经理才能争取到相应的资源来做这个产品。因此，产品经理在发现产品/市场机会后，就需要思考该产品是否符合公司的定位和战略目标，否则即便是一个好的产品/市场机会也不一定就能由你来实现。

在用户需求、技术水平、成本收益方面主要考虑用户的需求是什么，目前的技术是否能实现，有没有更好的解决方案，做这个产品需要投入多少资金，能有多少回报等底层因素及价值因素。需求价值的大小决定产品价值的大小，在用户需求方面，产品经理需要分析他们的需求有哪些，价值有多大，付费意愿和能力有多大等问题。在技术水平方面，产品经理需要分析解决用户需求的技术是否成熟，技术手段有哪些，技术手段的优势和劣势是什么，是否有其他技术可以对目前的解决方案进行颠覆性的革新，并给用户带来更优的用户体验。当分析完用户需求和技术方案，剩下的就是需要分析产品的投入和产出的利润比了，最后再判断一个产品在经济方面是否值得投入。

3.2　市场分析

做任何产品都是为了赚钱，所以说能不能赚钱，能赚多少，行业和竞争势态如何，这些都是老板和产品经理在做产品时需要考虑的问题。做市场分析就是回答这些问题的一种手段和过程。在这个过程中主要从政策环境、经济环境、社会人文、技术环境、商业模式、市场现状、产业链等宏观角度进行综合分析。市场分析三要素如图 3-1 所示。

做任何分析最终都是要得出具体结论的，一方面是给自己一个答案，确定这个事情能不能做，另一方面是拿着结论寻找资源和团队把事情做起来。这是做市场分析的目的。

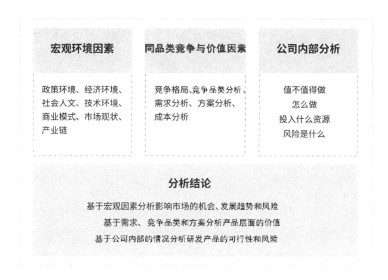

图 3-1

3.2.1　宏观环境因素

市场宏观层面主要包括政策环境、经济环境、社会人文、技术环境、商业模式、市场现状、产业链等，对这些方面进行分析主要是为了了解各市场组成部分的趋势、风险和瓶颈。通常在宏观层面使用 PEST 分析方法进行分析。

（1）P：政策环境

政策环境包括国家的社会制度、政党性质、执政方针、行业政策、法律法规等，是指国家层面对行业的态度。

（2）E：经济环境

经济分为宏观经济和微观经济两个层面，宏观经济主要指一个国家的人口数量、消费增长趋势、国民收入、生产总值及变化趋势等指标，中国的人口数量和收入、支出等指标的增长对大部分行业都有积极的影响。

微观层面是指企业所属垂直行业服务的地区消费者收入水平、消费能力和偏好、储蓄就业等情况。经济因素直接影响的是一个行业或企业未来的规模大小。

（3）S：社会环境

社会因素包括一个国家的教育、宗教、风俗、审美、价值观等，这些因素同样会影响一个行业的市场大小，如酒吧行业的国内市场明显要小于欧美市场，而房地产行业的国内市场则明显大于欧美市场。

（4）T：技术环境

技术环境是指企业所处行业的直接或间接所用的技术手段发展水平如何。主要是分析技术瓶颈及技术突破的可行性和价值。同时要充分考虑所用创新技术的底层支持条件是否成熟。例如，大家都知道乔布斯开创了触控屏幕的应用，他的成功依赖于多点触控技术的成功发明。技术环境分析大致包括以下几个方面。

- 国家层面，如 5G 和 AI 技术在国家层面较受重视。
- 相关技术的发展动态和研究动向。
- 技术产品化的步伐和速度，如 AI 技术正在快速落地。
- 专利申请和保护情况。

（5）分析总结

分析最重要的是得出分析结论以供后续决策。结论一般可以按照 PEST 分析模型并结合自己的理解加以整理，如图 3-2 所示的是物联网行业的市场分析报告。

图 3-2

无法通过 PEST 模型分析总结的部分也可以单独进行说明。例如，虽然物联网大趋势发展较好，但是也存在技术门槛低、市场竞争大、价格竞争压力大等问题。行业注重生态体系，小企业难以搭建自己的生态体系，更多的小企业只能依附于大企业的生态体系，所以做单品的物联网公司盈利较薄等。

3.2.2　微观分析

宏观分析是通过 PEST 模型分析市场宏观的利好、风险和趋势，从而判断行业现在、未来是否值得进入。微观分析则是从需求、产品、竞争品类及自我优劣势等方面进行分析，从而判断市场能否进入、如何进入及如何瓜分市场份额等问题。微观分析主要包括需求价值分析、竞争品类分析、价格分析、内部分析五个方面。

（1）需求价值

无论是在做市场调研还是在进行产品迭代，产品经理都需要判断需求价值，依据需求价值来决定某个产品或需求要不要做、怎么做。需求的价值可以从使用频率、重要性、覆盖广度、收益成本四个方面进行分析。

① 需求频率。使用频率的高低是绝大多数产品和需求评价的重要指标，使用频率越高也就意味着用户接触产品的次数、时间越多，对于用户而言，其价值也就越大，所以用户也就更愿意付出成本。成本不只是金钱、还包括时间和数据。例如，打火机对于不抽烟的人来说其使用频率是非常低的，两元一个的打火机都会觉得贵，而对于老烟民来说，打火机的使用频率则是很高的，所以一个打火机卖两元、二十元、两百元都是可以接受的，并且购买频次也较高。同样是打火机，由于烟民的使用频率高，慢慢地就由点火的工具变成了把玩的玩具，甚至成为炫耀攀比的载体，所以就会产生附加价值。

② 重要性。重要性是一个需求的评估标准之一，很多需求的频率不高但却很重要，如果不能满足则很有可能带来严重的危害或损失。例如，消防喷水系统，也许它一直都不会被使用而体现价值，但却是每个公共场所的必备设施。虽然在日常生活中基本用不到它，但是如果出现火灾，它则是可以保障人的生命和财产安全的重要措施。

③ 覆盖广度。覆盖广度和需求频率的核心是一样的，都是用次数和时间来作为评价标准。需求覆盖用户越广，产品被利用的次数和时间就多，产品也就具备更大的价值。

④ 收益成本。B 端企业经常会遇到客户的需求在使用频率和覆盖广度上都不具备产品化的价值，所以便出现了定制化的业务。对于这种需求通常评估的是成本收益比，也就是满足客户的需求需要付出多少人力和财力，能够获得多少报酬。有一种情况是虽然需求的单次收益可能不高，但是该需求具备一定的复用性，对于这种需求通常不会完全按照项目成本收益比的方式去分析，而会考虑其后续的可复用性。

（2）同品类产品分析

在做市场分析时，可以找直接或间接的同品类产品。对同类产品的分析主要基于需求分析、同品类产品的优势与劣势分析，及其在行业中的地位和市场占有率，俗话说"知己知彼百战不殆"。不少产品经理在做同品类产品分析时容易走偏，做着做着就成了产品体验报告。同品类产品分析更加注重的是内在，如对同品类产品的核心目标与任务、需求解决方案、盈利模式、资源支持及其优点和缺点、同品类产品公司的资源等方面进行分析。

① 同品类产品的核心目标与业务。对同品类产品的分析不仅需要分析某个产品，还需要分析竞争公司的核心目标和业务矩阵。例如，大疆创新科技有限公司的无人机产品形成从入门消费机到专业机的全覆盖。另外从手持云台、运动相机及 2019 年发布的机甲大师来看，大疆创新科技有限公司要把"大人的高级玩具"这个产品线继续扩展了，说不定过一段时间就会推出潜水无人机。对大疆创新科技有限公司进一步分析后，我们可以发现，大疆和苹果有点像，他们都不会为了占领低端市场推出低端产品方案，即便是入门的"晓"系列产品，在产品设计上也非常讲究。从这个方面来看大疆倾向做偏专业或者说偏高端的产品，所以小米即便是面对大疆这个占据百分之七八十市场份额的强大对手，依然可以凭借小米的品牌及"做感动人心、价格厚道的产品"这个理念去偏低端无人机市场中闯一闯。

② 竞品能力。在互联网行业中常说的一句话是"腾讯的产品、阿里的运营、百度的技术"，从这句话就可以看出这三个巨头各自能力的特点。不同公司的特点会对产品有不同的影响，这些影响可能会表现在产品特性、市场销售、服务体系及供应链等方面。

a. 对于做过软件产品经理的同行来说，大家都知道 C 端产品对体验、交互、UI、运营等方面的重视程度远远大于 B 端产品对这些方面的重视程度。对于硬件产品来说其实也是一样的，像小米这种 C 端公司，他们在各种家用摄像头的 ID、软件体验方面做得比较精细，效果也不错。像海康、大华这种主要做 B 端摄像头的企业，则更加注重产品功能和产品的稳定性。对于雄迈这种还不错的摄像头方案商来说，虽然自己也推出 C 端的监控摄像头，但他们更多的精力还是放在 B 端的方案输出上，所以这类产品的适应性和扩展性更好。同样是做家用监控摄像头，小米、海康及雄迈这三种公司做的产品，其特点完全不同。

b. 互联网企业做硬件产品时的优势和劣势都非常明显，其优势是互联网企业一般都拥有不少的用户，同时也容易获取用户，所以在产品的销售推广方面就可以更加快速地触达目标用户，并且更容易和用户建立关系，从而帮助产品进行迭代优化。劣势是其在硬件产品的研发制造、售后服务及库存管理、供应链等管理方面缺乏经验，需要投入大量的人力和物力去搭建团队甚至去踩坑试错，搭建团队和踩坑试错的成本都是非常高的。做硬件产品起家的公司则正好相反，其劣势是在产品设计、销售运营方面没有互联网企业的办法多，容易被硬件行业中"产品定义需求"的惯性思想牵绊。其优势是具备成熟的供应链，拥有销售、售后管理方面的经验和团队，产品研发的速度会更快。在做竞争公司能力分析时要考虑对方是什么类型的公司、其强项和弱项是什么，如果要竞争，自家产品应如何扬长避短。

③ 产品方案的优势和劣势。同一产品不同方案的优势和劣势也不尽相同。还拿安防监控摄像头来说，有的监控摄像头不便于随时随地地实时查看，所以只能做到定点的实时监控或事后回放，经过进一步升级的监控摄像头便实现了在任何地方都能实时查看的需求。近几年的监控摄像头则借助 AI 技术逐渐实现了"帮你看"的能力，可以实现实时的视频分析，将有价值的画面推送给用户。这三种监控摄像头各有优劣，只能定点查看的本地监控系统通常造价低、较为安全、不易受到外部的攻击，这也就是类似机场等重要场所的监控系统还是以本地监控系统为主的原因。具备远程查看功能的网络监控摄像头虽然方便，但容易遭受外部攻击。同样，那些具备 AI 能力的监控摄像头虽然给我们带来了极大的便利，但是也使我们不仅有面临网络攻击的风险，同时还有隐私泄露的风险。

④ 公司资源。公司资源和能力不同对产品的策划也有一定的影响，如有的公司销售推广能力强，那么他们在做产品时通常把精力放在销售和市场上，所以很多产品都是找合作伙伴进行研发的，甚至是直接用别人的标准品进行贴牌。这类公司在产品体验和成本方面通常是不具备优势的。有些做硬件产品起家的公司在供应链和产品研发方面能力较强，在供应商那里容易拿到较低的价格，产品研发的速度快、成本较低，所以这类公司的产品的价格一般较低，且这类公司容易成为前类公司的方案商或供货商。

（3）价格分析

做硬件产品，价格永远是一个绕不开的话题，在做微观分析时可以从销售价格、成本、渠道利润这三个方面进行分析。通过这三方面的分析，粗略统计产品毛利的大小并得出产品主要成本的组成，这里主要是分析纯硬件产品的成本，暂不包括软件产品的研发成本。

① 销售价格。销售价格就是将产品销售给终端用户的价格，这个价格通常是由产品成本、渠道分成、毛利构成，当然在有些情况下也会掺杂其他方面的因素。销售价格主要是在同品类产品价格、消费者购买力之间做对比分析。在功能、质量、体验相同的情况下，一般产品的价格越低，消费者越容易接受。这种情况通常出现在相对成熟的品类上，消费者在市面上容易找到替代品，也容易做售价对比。做消费者购买力的对比分析是为了将产品价格尽量地制定在消费者可接受的价格范围内且具有一定的毛利，这个价格也是做产品设计的一个重要约束条件。通常销售价格会基于成本、毛利、渠道价格进行一同分析。

② 成本。产品的成本主要由元器件成本、加工成本、研发成本、运营与维护成本这四大部分组成。不同类型的产品，其各部分成本所占比重不同，通常传统的或技术含量低的产品成本主要来自元器件成本和加工成本，而那些新兴的技术含量高或以内容和服务为主的产品，通常研发成本和运营与维护成本会比较高。在分析一个产品的成本时要注意产品成本的主要来源，像传统日用品家电这类产品的成本，

主要源于元器件成本和加工成本，这类产品的质量和使用体验可能并不怎么好，主要原因是它们的成本固定且很透明。厂商如果想提升产品质量和使用体验就必须提高产品的成本和售价，而大部分人对产品的选择还是抱有"经济实惠"的思想。近几年由于经济发展，大家的思想也从"经济实惠"逐步向"追求品质生活"的方向转变了，由此也出现了像网易严选、米家等以品质生活为主调的电商。现在很多的新兴产品和高科技产品的质量和体验越来越好了，这也是因为大家的消费能力不断增强，大部分人提出了更高层次的需求、追求更高层次的享受。基于人们需求的逐步提高，出现了越来越多的优质产品，企业在满足用户基本需求的前提下，将更多的成本用于提升产品的品质和体验，而这部分的边际成本相比于传统的元器件成本和加工成本是比较低的，所以这种产品的利润空间也比较大、比较难以量化。

（4）内部分析

内部分析主要有两个方面，一个方面是公司内部可用资源分析，也就是有哪些资源可以用，现有资源的优势和劣势是什么，如何利用资源做到扬长避短。

另一方面是产品和公司契合度的分析。这是一个非常重要的问题，这个问题通常出现在由产品经理自己发起的项目中，一般老板发起的项目很少会涉及这个问题的分析。契合度分析不仅要说服自己做这个产品，同时还要在立项会上说服各部门的领导同意做这个产品，以及这个产品能带来什么收益，分析可以从以下几个方面进行。

① 公司定位契合度。公司的定位决定产品方向，若想研发一个产品，先要考虑产品是否符合公司的定位，若不符合公司的定位，即便产品本身有价值，通常也很难立项。当然对于一些项目型的产品，在能确定获取收益的情况下就另当别论了。

② 技术能力。技术能力是决定能否做好一个产品的关键因素之一，若想做好一个产品就必须分析产品与公司内部的技术能力是否契合，若不契合则需要着重考虑

提升技术能力的时间和成本，以及产品研发是否可以等待技术能力提升后再进行。

③ 资源分配。在任何公司里，绝大部分情况下资源都是比较紧张的，发起一个产品项目时要考虑现有资源是否能满足产品的需求，如果现有资源不能满足，如何分散资源压力。同时需要考虑产品资源占用时间及成本收益，从而综合分析资源是否足够，以及通过什么渠道获取资源。

④ 投入产出比。投入包括研发成本、产品成本、宣传成本、销售和运输成本、运营与维护成本、售后成本等，收入方面除了要考虑实实在在的资金收益，还需要考虑获得的数据资产、技术的积累、品牌影响力的积累、用户关系的建立等多方面的收益。投入产出比虽然是一笔经济账，但是有些非经济方面的收益也要考虑在内。

3.2.3　市场环境

市场环境主要包括市场阶段、市场规模及竞争分析三个主要方面，如图 3-3 所示。

图 3-3

（1）市场阶段

市场阶段指的是一个行业的成长阶段，大致可分为萌芽期、成长期、成熟期、衰落期。

① 萌芽期。市场环境、用户认知、行业技术和供应链等方面都处于刚起步的阶段，此时在很多方面都存在较大的风险和未知性，企业进入这类行业一般需要较强的抗风险能力，通常会以科研和探索的方式开始做，在达到一定效果之后再正式将

成果产品化。同时对于市场和用户也需要慢慢培养。

② 成长期。成长期开始后有大量的企业涌入市场，此时行业还未出现较大的行业龙头，竞争比较激烈、行业发展也比较快。对企业来说，需要加大投资和加快响应市场变化的速度，以免被竞争对手超越。

③ 成熟期。在这个阶段，行业、用户、产品的变化趋向稳定，用户和企业各自明确了自己的需求和定位。各企业也进入了精细化运营的阶段，开始为用户提供更加个性化的服务，满足不同用户的个性化需求。在此时新入局的企业如果不另辟蹊径就很难得到市场的认可。

④ 衰退期。随着行业和社会的发展及技术的进步，用户的需求会发生变化，同时解决问题的技术也会进行革新。老的市场逐渐进入衰退期，新的市场以其他方式逐步形成。能不能抓住市场革新的机会就影响着一个产品或企业的存亡。就像 BB 机→功能机→智能手机的变迁一样，每个时期都有不同的市场机遇，也都有不同的企业出现和消失。

（2）竞争分析

俗话说，知己知彼百战不殆。竞争分析是分析同一个市场内的主要企业有哪些，以及他们的市场占有率和各自的优点和缺点。通过这些分析，判断进入这个市场要面临哪些竞争及如何扬长避短。竞争分析和同品类产品分析既有相似之处、又有一些区别。同品类产品分析主要是分析一家竞争企业，所以分析的是一个点。就像一对一对抗一样，我们会把视野放在一个对手上，但是市场竞争从来都是不是一对一的。当我们用竞争分析的思维进行分析时自然会把市场当作一个面进行综合分析，因此会更加关注市场的竞争格局和竞争对抗的优势与劣势。就像盲人摸象一样，我们不能上来就去摸局部，而应该是先看到全貌，再进行局部详细分析。有关竞争分析的资料可以从很多的行业报告或媒体文章中找到，竞争分析可以从市场分布类型及用波特五力模型来进行。

① 市场分布。市场分布是指市场中竞争对手的分布情况或市场份额的占比情况。市场分布通常有两种情况，一种是几个巨头占据了大部分市场，小部分市场被零散的小企业掌控。在这种情况下，新进企业用常规方式很难进入市场，因为行业中的企业已经有了各自忠实的用户群，所以新进企业想抢占市场份额显然是很难的事情，因此要进入市场就要另辟蹊径去实现弯道超车。另一种情况就是行业内没有巨头，整个市场被无数企业分割占据。这种情况的市场，其产品或服务一般是靠价格取胜而非品质，因此用户的忠诚度也比较低，哪种产品的价格低就用哪种产品。如果新进企业提高了产品质量和服务的品质且价格合理，那么对于现在消费水平逐步提高的人们来说，这种品质的提高必然是具有吸引力的，如果能形成品牌效应就更好了，如日本的无印良品及中国的米家、网易严选等。

② 供应商议价能力。供应商议价能力是指供应商卖出元器件或服务给买方时的议价能力，通常，供应商的产品或服务具有领先性、垄断性时，供应商的议价能力高。当供应商提供的元器件或服务对买方产品的质量、性能等方面存在较大影响时，供应商的议价能力也较高。在分析一个产品的元器件或服务构成中，如果有大量的元器件或服务属于供应商议价能力高的。那么进入此类行业或研发此类产品时就需要重视供应商对产品成本和利润的影响。

③ 购买者议价能力。购买者议价能力和供应商议价能力正好相反，如果给购买者提供的产品或服务的价值对于购买者并不重要或者产品和服务有较多替代品时，购买者的议价能力就高。在这种情况下，产品价格会受购买者议价能力的影响

④ 新进企业。企业取得一定市场份额后不仅要面对现有同行的竞争，同时也要关注行业新进企业的威胁和对市场的瓜分。新进企业很难以与现有企业相同的方式进入行业，除非其在资金、供应链、用户等方面有明显的优势。大部分新进企业还是基于行业、技术、材料等方面发展所带来的优势而进入的，如互联网、移动互联网、AI 技术、5G 等的出现和发展。

⑤ 替代品威胁。替代品是指两个不同行业的产品或服务可以互为替代，如线下

商场和淘宝、京东等电商就互为替代关系，当替代品在某些方面弥补了现有产品或服务的短处之后便会成为现有产品或服务的直接竞争者。例如，线上电商平台在物流行业发展中对线下商店产生的巨大冲击。

⑥ 同行竞争力。同行竞争力分析可以用八个字概括："避其锋芒、取长补短"。避其锋芒主要是分析各个同行企业、行业巨头的核心竞争优势是什么，这些优势在行业中的重要性如何，本企业有没有可以和其相抗衡的点。进入这个市场时，我们怎么避开与他们的正面抗衡，然后进一步扩张，就好比京东通过自建物流的方式建立自己在电商领域的优势。取长补短是指借助行业巨头的成熟经验从而避免浪费时间和资源。

（3）市场规模

市场规模是评估一个行业很重要的因素，如果所选行业是一个市场规模不大的小众市场，那么即便再努力，产品都很难做大做强。对于投资方来说，市场规模直接影响投资的收益大小，所以即便是市场规模大的行业竞争激烈，他们还是倾向去投资这些市场规模大的行业，毕竟市场规模小就意味着盈利的空间不够大、盈利不够长久。

市场规模评估是一个比较"玄幻"的事情，因为做评估本身就是一个变量多、无法验证的事情，相信很多产品经理都会因为这个问题而苦恼。不过产品经理做的事情就是要从未知里面找到事情的本质和问题，并加以运用做成产品。下面我们就看一下如何进行市场规模的分析。

在进行市场规模的分析之前首先要做的是确定市场的边界是什么。边界越清楚，结论越真实可靠。例如，做服装行业的市场规模分析就要明确是男装还是女装、是裤子还是上衣、是冬装还是夏装等边界条件。确定边界后可以通过自上而下和自下而上两种方式进行评估。

自上而下的方式是指从宏观的数据进行一层一层分解，直至分解到自己做的行业边界。例如，分析北京的防脱发洗发水的市场有多大，首先要确定北京的人口这个宏观的数量，然后通过一个比例将人们分成去屑的、养护的、防脱发的等类型，从而获取到去屑洗发水的市场规模。这里最麻烦的是如何确定比例。通常可以用抽样调研的数据或从相关报告中获取占比数据。这种数据的弊端是太理论化，且容易因为样本的偏差导致结果失准，如 IT 圈的样本数据和餐饮圈的样本数据有明显差异，所以采用这种方式要注意样本的普适性和全面性。

自下而上的方式是通过调研微观的确定数据进行统计评估的，如直接将各大洗发水品牌发往北京的货物数量及电商平台发往北京的货物数量相加，或在北京范围内发个问卷来获取数据。这种方式的问题在于难以获取相关的数据，优点是数据可信度高，具体哪种方式合适就要视情况而定了。

除了当前市场的规模，同样重要的是市场趋势的分析。投资方尤其在乎的是未来的市场发展趋势如何。这个数据可以直接从相关报告中获取，也可以从相关报告中分析得来，相关报告是指如北京常住人口数量变化趋势、从事 IT 行业人口数量变化趋势等数据指标。

3.2.4 技术分析：了解技术瓶颈，慎做超前产品

一个好的想法不应该受到技术的约束，但是一个好的产品一定会受制于技术和成本。在做市场分析时，相关人员同样需要考虑技术瓶颈对产品研发的影响。在这方面苹果一向做得很谨慎，不像国内很多厂商看似用了不少黑科技，但却因为无法突破技术瓶颈导致所谓的黑科技不好用甚至不能用。笔者经历过、也看到过不少因技术瓶颈无法突破而失败的项目。下面我们看一下国内外几个遇到技术瓶颈的例子。

（1）AR 智能眼镜

这是 2012 年发布的一款 AR 智能眼镜（见图 3-4），在当时的科技圈里引起了不

小的轰动，之后虽然该企业推出了新的产品，但是却并没有真正地引领一个时代的到来。导致其失败的原因有很多，先不说在应用场景、生态、使用体验等方面遇到的问题，单单是在电池功耗和散热方面就有很大阻碍。作为可穿戴产品续航时长不足24小时，还如何能够获取用户的认可呢？还有网友吐槽说："这个眼镜和阿汤哥在《谍中谍 2》中所使用的眼镜一样，用完就要扔出去。"（因为发热严重，怕爆炸）说到这里，大家可能会说，2019 年的大兴机场不是已经把智能眼镜应用到安防和服务行业中了吗？是的！虽然大兴机场在实际的场景中使用了智能眼镜，但是并不代表它解决了和上述的 AR 眼镜相同的问题。大兴机场用的智能眼镜采用的是通过电线外接电源和主板的方式，眼镜上实际只有摄像头、耳机麦克风和显示设备等元器件，大部分元器件还都安装在外置设备上。这种方案似乎也只能在商用场景中才具备可行性，C 端用户肯定还是无法接受的。

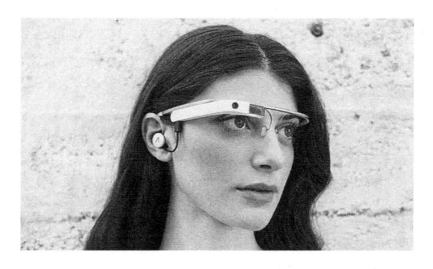

图 3-4

（2）家庭服务机器人

从 2015 年开始，国内兴起了一股使用机器人的潮流，很多公司都开始研发家庭服务机器人。但是至今没有一款家庭服务机器人可以真正走进家庭为人们提供服务。因为家庭服务机器人是多元技术融合的产物，其中包括室内定位、运动控制系统、语音交互的 ASR（语音识别）和 NLP（自然语言处理）系统、人脸识别和物体识别的机器视觉系统、环境感知和控制的智能家居系统等。这些系统时至今日都还没有达到人们所预期的效果，何况是一个多元系统集成的产物呢？虽然这些系统中的相关技术现在已经有不少产品和场景都在使用了，但是家庭服务机器人依旧无法得到真正的应用，原因主要有以下三点。

① 产品无法达到人们的预期。人们对机器人的预期实际是很高的，虽然现在与机器人相关的技术在各自特定的领域中做得如火如荼，但是当集成到一起后在交互、功能、价值等多方面仍旧达不到人们对家庭服务机器人的预期。做多技术融合的产品真的不简单，这并不是 1+1=2 的游戏。做不好很容易就成了 1+1<1 的产品，且产品无法真正落地。

② 技术受限。国内大部分的家庭，其所居住房屋的面积也就一百多平方米，室内还摆放了很多家具、物品，所以实际供机器人可运动的空间不仅小而且比较杂乱，在这种情况下机器人无法灵活运动来为人们提供服务。在交互方面更是如此，做饭、多人说话、语义理解这些问题都是目前技术无法很好解决的，如果交互都无法顺利进行，那服务就更无从谈起了。

③ 成本过高。在为数不多的、已推出的家庭服务机器人中，因成本过高导致其售价好几万元。这对于一般家庭来说是无法接受的，所以其销量就可想而知了。不过将某些功能做成独立产品反而打开了市场，如智能音箱、智能电视和各种智能家居产品。这些产品能够打开市场证明人们并不是没有"家庭服务机器人"的需求，而是成本、需求、技术无法达到平衡。有时候即便技术能实现的产品，但最终还是会因为成本太高而使产品无法走进千家万户。

上述产品失败的核心原因都是技术无法满足需求，在分析一个市场时对于满足这个市场所需的技术是否存在瓶颈，以及瓶颈是什么，也是分析中很重要的一环。在这方面可以从技术核心能力、技术落地成本、产品量产成本进行分析。

3.2.5　商业模式：多种多样的盈利模式

在传统的硬件行业中大家都是"实在人"，卖一台产品赚一台产品的钱，所以产品毛利就是唯一的盈利来源。现在不同的是，硬件产品自从融入了互联网的基因后就开始发生了变化，盈利方式也变得多种多样了，毛利也就不再是产品唯一的盈利来源。下面就是现在常见的几种盈利方式。

① 产品盈利。这类设备和传统硬件比较像，在产品价值的体现上还是以硬件为主，其特点是利用互联网技术，改变了原本的交互方式，提升了产品的便利性、智能化和使用体验。这类产品主要是功能单一的感知类设备（各类传感器）和受控设备（各类开关和执行器）。

② 生态盈利。打造一个自己的生态圈，让用户在这个生态圈里持续消费。一方将产品推销给用户，赚取利润；另一方面可以在生态链内及供应链上下游赚取利润。

③ 内容盈利。这类产品其实卖的不是硬件，而是内容。例如，喜马拉雅的音箱、各种英语学习机器人、平板学习机等，它们在硬件产品上并不追求过高的毛利。甚至会用接近成本价的方式出售产品，以此提高销量，目的是通过销售硬件产品搭载的数字资源而盈利。

④ 服务盈利。服务盈利和内容盈利的逻辑是基本一样的，都是用硬件产品作为载体或入口，通过后方的能力提供服务，并实现盈利。例如，客流分析设备，盈利的核心是获取顾客数据，硬件只是一个获取数据的载体而已，所以很多此类产品都是按硬件设备+年服务费的方式进行收费。做各种家用监控摄像头的产品也一样，一般也是采取硬件设备+云端储存费用的盈利方式。此类产品盈利的基本逻辑都是硬件+服务费用。

⑤ 广告盈利。利用硬件产品作为广告的载体给金主提供更多的广告机会而盈利，如小米等互联网电视。在硬件行业中广告盈利是基础的盈利方式。

3.3　需求分析

在笔者的理解中需求是任何人、任何组织甚至任何生物在成长发展中各方面的需要。为了满足这些需求而产生的有型实体或无形服务都是我们所说的产品。从产品设计的角度来说，需求是一类或多种需要的集合，而非一个单独的需要，这是因为评估一个产品值不值得做的核心因素是它所满足的那些需求的价值有多大。虽然一个独立的或个性化的需要也叫需求，但是因为其价值太小而无法形成产品，所以从产品设计角度来说就不被称作需求。

需求分析是产品经理要做的最基本的事情也是最重要的事情之一，产品的的价值就是满足一个又一个的需求。需求分析可以从很多方面进行，本节我们主要从需求的来源、分析、选择等几个方面为大家介绍一下需求分析。

3.3.1　需求的获取渠道

需求的获取渠道有很多，一般有如图 3-5 所示的几种。不同阶段的产品经理所接触的渠道也不同。

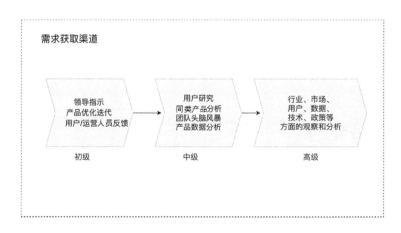

图 3-5

初级产品经理获取需求的渠道主要以领导的指示、产品的优化迭代、用户或运营人员的反馈等为主，这类需求的特点主要是已经明确要做什么，甚至是怎么做。作为初级产品经理要做的就是明确需求的细节，以及开发实现的方式并跟进需求实现的过程。此阶段应该多去理解这些需求为什么要做，有的时候领导提出的明确需求我们可能会不理解，或者完全持反对的意见，不过我还是建议在此阶段的产品经理争取把需求干净利索地做好，让领导能够逐步地放心将事情交给你去做。当时间长了自己对产品和需求的理解就深刻了、全面了，领导也会愿意将深层次的原因与我们沟通分享，也许到时候我们就会理解领导的想法了。

中级产品经理获取需求的渠道会在初级产品经理获取需求的渠道的基础之上逐步增加用户研究、同类产品分析、头脑风暴、产品数据分析等渠道。这类需求需要产品经理分析思考用户需要什么，自己的产品能满足什么，产品的优点是什么，从而去设计产品，提升产品的竞争力及各项指标。此阶段的产品经理对需求的理解更加深刻和全面，从而能够将用户的需求转换为产品功能和价值。

高级产品经理获取需求的渠道会更高一个层面，如行业、市场、技术、政策的发展及用户和数据的反馈等。高级产品经理需要考虑一个行业的发展如何、行业中竞争事态如何，以及各个方面的条件和时机是否成熟，从而去规划一个产品或一条产品线，在产品方面更多的是考虑产品商业化和产品壁垒，以及公司的发展和产品矩阵布局等问题。这个阶段的产品经理会更加关注需求的核心动机及需求的价值，同时也会更加关注行业的竞争事态。

3.3.2　场景分析

用户在使用产品或完成任务时都有特定的场景，场景组成因素的变化对产品或用户都会有很明显的影响，如这两年手机行业在 UI 上的"黑暗模式"风格就是基于使用场景的变化而产生的，当用户在光线昏暗的环境中使用手机的时间越来越长，屏幕的光线对用户的眼睛造成了很大的伤害，同时也影响了用户使用手机时的体验，因此基于用户在昏暗环境中使用手机的这个场景，出现了现在的"黑暗模式"。任何硬件产品和使用场景的依赖关系都是很紧密的，不同的使用场景对于产品的要求也是不同的，因此产品经理在做需求分析时要考虑不同场景对于产品和用户的影响，以及如何处理这些影响。场景的组成因素有很多，主要有用户、空间、任务、时间这四大因素，不同的因素对于产品有不同的影响。

从用户的角度来看，我们都知道人和人之间存在很多的差异，老人和孩子的理解力和控制力都明显低于青年人的理解力和控制力，因此我们就能发现所有的儿童产品和老人产品在硬件设计上都是很直接的，不同的按钮完成不同的任务且具备明显的图文标识，很少会出现组合类操作或需要经验和记忆的操作。

从空间的角度来说，同样也是如此，空间包括硬环境和软环境两种，硬环境是指我们可以看得见、摸得着的实体环境，如房屋、桌面、地面等；软环境则是指那些非实体的存在，如温度、湿度、盐雾、风、光、空气等。一个产品是在水中使用还是在空气中使用，对产品的设计和性能的要求是完全不一样的。不同的使用温度对产品也有不同的影响，如在东北这种寒冷的地域，产品设计就要考虑温度电池放电以及塑胶脆化的影响，而在南方这种炎热的地域，产品设计则需要考虑电子元器件散热以及塑料高温软化和变形的问题。

从任务角度来看，同一个产品在执行不同的任务时对于产品本身的要求也不同，以电饭煲为例，在煮饭和煮粥时，电饭煲的火候和时间设定是完全不同的，新一代电饭煲甚至会根据不同的米种调节时间、火候和压力。在执行蒸东西任务时，电饭煲同样要切换不同的工作模式来满足相应的需求。一个任务的组成因素有很多，每个因素都可能是一个需求，从而影响产品的设计。在电饭煲的例子中，影响任务的因素有很多，如人、操作方式、米种等，每个因素都是一种需求。先根据米种切换不同的煮饭模式，由于米种太多无法很好地在电饭煲上做相应的选择，所以就出现了手机控制的需求，手机控制则又带来了电饭煲与其他控制设备联网互通的需求。任务的不同、需求的不同，对于产品的设计和要求也就不同，任务分析的作用就是将一个任务中的因素转化为产品设计中的需求。

时间因素的影响其实并不是时间带来的，而是由于时间的变化对其他因素带来的影响。例如，时间对人的生理、心理和行为都会带来影响，同样时间的变化对于环境的温度、湿度、光照等也会带来影响，这些因素的综合影响就是时间对产品和需求的影响。在进行需求分析时，我们可以根据时间的维度来设计需求分析模型，不同时间模型内的因素和占比都是不同的，这些因素主要包括环境中的各种因素和人的各种因素等。

3.3.3　隐藏的核心需求

每个人在成长过程中的经历、学习的知识、生活的环境都是不同的，这些因素导致了每个人对事物的认识和理解存在差异。人们常以自我为中心，在表达需求时通常是以"我要"的方式表达，而非用"我需要"的方式表达。"我要"这种方式所表达出来的内容，通常是基于自己原始的需求和认识得出的解决方案，如"我想要一匹更快的马或一辆更快的车"，这种表达方式所体现出来的并非是原始的需求。"我需要"这种方式所表达的是自身最原始的需求，如"我想要快速到达目的地或快速完成某件事情"，这种方式表达出来的是用户原始的需求而非解决方案。产品经理在调研和分析需求时得到的或关注的应该是用户最原始的需求，而非用户表达出来的解决方案，因为面对同样的需求，不同认知水平的用户所表达出来的解决方案是不同的。如果按照用户给出的解决方案去做产品，那么产品必然不是大众化的。产品经理应该抓住用户的原始需求，通过自己的专业知识和经验设计出大众化的产品，从而满足绝大多数用户的需求，并实现产品价值的最大化。

举一个很经典的例子，福特问用户需要什么，用户说需要一辆更快的马车。可想而知，如果福特给用户了一辆更快的马车，满足了用户所表达出来的需求，那么福特也许就发明不出来汽车了，也就不会诞生福特这家伟大的公司了。用户之所以说需要一匹辆快的马车，是因为在用户当时的社会和认知中从一个地方到另一个地方最快的方式就是坐马车，于是用户基于自己的认知和想要更快到达目的地需求，便提出了要一辆更快的马车的要求。显然福特看出来用户的需求并不是要一辆更快的马车而是想更快到达目的地，于是，汽车便诞生了。

人是一种个体能力非常弱的物种，落单的个体在大自然中是很难生存的，因此人们只能靠着群体的力量和智慧才能避免来自其他物种和大自然的伤害而存活下来。和任何群居动物一样，人为了生存也会害怕孤独和群体排异，所以就慢慢地具备了群居动物的属性。在群居动物里，个体与群体成员在各方面的相似度越高就越容易融入群体，从而得到群体的认可和保护，反之则容易被群体排挤，从而面对更多的危险。正是因为群居属性的影响，在日常群体活动中，人们常常会隐藏自己的认知和理解而遵从大多数人的认知决策。这也就导致了在很多群体活动中人们表现出来的和内心真实的想法并不一样。在需求的调研和分析中，产品经理就要考虑群体对个人的影响，避免人们的群体意识影响需求调研和分析的真实性。这里推荐史蒂夫·克鲁格的《点石成金》给大家，里面很大一部分内容都在描述如何避免其他因素对用户反馈产生影响，从而获取用户真实的反馈。

再举一个经典的例子，索尼在某产品的调研中提出这样一个问题："这个产品大家是喜欢黄色还是喜欢黑色的？"用户的回答中大部分都是选择黄色，但是在调研结束后送给每人一个产品时绝大部分的人却拿走了黑色的。在这个有趣的故事里，大家并没有按照刚开始说的那样选择黄色的产品，很大一部分是群体属性导致的。也就是在回答喜欢什么颜色的时候，大家更容易受到他人的影响而选择黄色。正是因为人的这个特性，所以在很多用户调研和分析中都会尽量避免受调研者和他人接触，而采用独立或匿名的方式进行调研。在拿走产品时大家更多考虑的是自己的需求和喜好，从而选择了黑色的产品，当然除此之外还有可能受到实用性这个因素的影响，因为在回答喜欢什么颜色时，回答者只需要考虑颜色即可，并不会涉及其他的因素。而在拿走产品时则需要考虑产品的实用性及家居搭配等因素，如颜色和其他物品一同使用和摆放的视觉效果、人设和颜色的匹配度、使用中的耐脏性等。

3.3.4　B 端需求分析

对于企业或商铺这种 B 端客户，他们在经营管理过程中使用产品的核心的目的是盈利、增效和减负，这三点是所有需求的核心，因此 B 端的产品也都是围绕这三点开展的。例如，很多大商场中的人脸识别系统便是为了获取顾客的会员信息、消费信息，从而对其进行精准营销或者帮助商场进行管理优化。那些自动化或远程控制的设备则是为了提升运营管理中的效率及减少运营管理的成本和负担。

B 端硬件的需求分析可以从性价比、定制化、模块化、通用性、场景分析这五方面进行，下面我们对这个五方面进行分析。

① 性价比。性价比是指需求价值和成本之间的比值，也就是说当客户购买产品后，产品给客户带来的价值的大小，以及满足客户需求所需要付出的成本大小。如果需求价值大于成本，那么产品实现才有价值。价值和成本最直观的体现就是投入的资源（资源包括资金和人力），不过资源并不是价值和成本唯一的体现。在评估需求价值和成本时除了要考虑付出的资源和收益，还要考虑其他方面的因素，如给 B 端企业的用户带来更好的体验、行业的发展趋势等。

② 定制化。B 端客户的需求主要是基于业务和流程产生的，但是每个 B 端客户的业务、流程及使用场景都是不同的，有的复杂、有的简单，这就导致了 B 端客户有很多定制化需求。遇到这种需求，产品经理要考虑它是定制化的需求，还是有一定通用性的需求，只是现在还没有得到客户反馈而已，若真的是定制化需求就要考虑是否值得去做了，产品经理可以从投入成本和收益、合作关系、品牌价值等多方面加以考虑。如果是具备一定通用化的需求，那就需要考虑产品后续的应用，如硬件设备的通信接口、供电接口、安装接口及产品形态是否能满足后期的扩展和复用。通常这种需求都会通过模块化的方式去做。

③ 模块化。硬件产品周期长、投入大、复用难尤其是在面对 B 端客户时更是如此。B 端客户在需求上更加碎片化和定制化，很多需求都只适用某一个行业或者某一

特定的场景，因此在做 B 端硬件产品的时候要充分考虑需求模块化的可能性和设计方案。以连网设备为例，从通信层面来说有的客户可以用 Wi-Fi，有的客户却不能，甚至有的客户都不具备有线网络。在供电方式上有的可以使用有线供电，有的却不能。面对这些不同的需求和场景，如果将个性化需求都做成单独的产品，成本是非常高的，所以产品经理在分析需求时就要考虑需求或产品是否能够模块化，在产品设计时也要考虑模块化的设计方案及模块化的成本收益比。现在很多 B 端的产品都会具备多种通信方式，用于满足不同的应用场景。

④ 通用性。前面说到需求越是个性化、定制化就越难做、成本越高，不过需求的通用性强也并不意味着产品越好做或成本就越低，因为通用性强的需求的使用场景很复杂，并且竞争对手也很多。需求场景越复杂就要求产品的适应性越高，从而也会导致产品成本的上升。通用性强的产品竞争对手也会更多，同样会导致价格战，使产品的利润更低。产品经理在分析需求的通用性时要考虑在成本一定的情况下产品是否能适用足够多的场景，产品适用场景越多需求的价值就越大。

⑤ 场景分析。使用场景的分析可以以两个因素入手，一方面是使用因素，一方面是环境因素。使用因素是指设备在安装、维护和使用中的各项因素，如安装维护是否需要专业知识、安装使用是否有条件限制等。环境因素是指温度、湿度、光照、风、盐雾等因素。这些因素都会影响需求，或者本身就是需要满足的需求，如设备能在特定的温度、湿度下或盐雾浓度下工作，这本身就可以成为产品的需求。

3.3.5　C 端需求分析

C 端产品研究的对象主要是人，但是每个人都是一个独立的个体，有着自己的个性和需求，所以对于人的研究往往更复杂。在软件行业中我们都在讲"千人千面"，但是到了硬件行业中想做"千人千面"的产品就成了遥不可及的奢望。在做硬件产品的时候我们通常是在一个特定的用户群体里面分析他们的需求和特征，根据这些用户的需求和特征去设计符合绝大多数人需求的产品。

C 端用户的需求分析维度有很多，从基本的人口学属性到文化属性、社会属性、性格属性、消费能力甚至人性等，这么多的分析维度在这里无法一一分析，所以就从硬件产品的角度聊聊 C 端用户的几个主要分析维度。

① 精准用户。分析需求时首先需要确定的就是分析用户的类型，在做用户类型分析时应该尽量将类型进行细分，类型越细分、越垂直，在需求分析和产品设计时就越具备参考价值。不同类型的用户在需求上会有明显的区别，单从年龄这个维度分析我们就可以发现同样是手机，对于少年儿童、青年人、中年人、老年人这四种不同类型的用户就有明显的区别。从少年儿童到老年人，手机的娱乐属性越来越弱，工具属性越来越强，并且产品的功能也越来越简捷化和工具化。从其他用户类型进行拆分又会出现拍照属性、游戏属性或者具备其他特殊功能的手机。在做产品需求分析时选定精准的用户群和用户类型是很重要的一步，软件行业可以在产品开发迭代中对用户类型和需求进行逐步细分、迭代和优化，而对于硬件行业来讲几乎没有试错的机会。如果用户类型选错了导致需求分析甚至产品设计出现偏差，那么想迭代优化基本只能重来，同时要付出巨大的成本。

② 场景分析。请看 3.3.2 节的场景分析。

③ 用户体量。以前听软件行业里的朋友说过"在中国即便是做很小众的产品也能养活一个公司，因为中国的人口基数够大"，这句话在软件行业里也许是对的，不过在硬件行业中却不一定。在软件行业里用户获取产品或服务的成本很低，所以会有很多小众的需求，并且这些用户在获取服务成本低的情况下也有足够的动力去接触产品或服务。不过在硬件行业里就不是这样了，因为用户获得硬件产品的时候要付出实实在在的成本，所以很多小众的需求并不能促使用户去付钱购买产品。正是因为这样，也就使我们在做需求分析时要考量用户的体量是否可以支撑产品的盈利，在用户体量不够的情况下别说盈利了，也许连开发成本都收不回来。硬件产品不像软件产品，可以做到极低的边际成本，这也就是为什么很小众的软件产品也能

养活一个公司的原因之一。硬件产品在设计之初就要评估产品的用户体量，是否能使产品持续盈利。只有用户体量和持续盈利能达到目标的情况下才能去开发一个产品。用户体量分析通常有以下几种常用的方法，在产品经理面试时，也会经常被考到。

a. 从宏观到微观分析法，这种自上而下的分析方式是利用国家、行业等层面的报告和数据将用户进行一层一层的细分，直到产品可以覆盖的用户群。这种方式的缺点是所得到的结果基于第三方的报告和数据，但是这些第三方数据的准确度是我们无法考证的，而且很多第三方数据都存在一定程度的夸大，所以这种方式分析的结果一般都是偏离实际情况的，因此使用这种方式分析的结果最好打一些折扣，再当作参考。

b. 从微观到宏观分析法，这是一种从小范围内取样的自下而上的分析方法，它是利用一些已知的小范围样本数据进行放大推算，从而得到大范围的市场结果。这种方式的优点是小范围的数据通常可以自己采集，因此小范围样本数据准确度高，但缺点是小范围样本的倾向性会影响推算结果和真实数据之间的差距，想要推算结果尽量精准就需要样本具有多样性，数据采集不要局限在一个特定的群体内。

c. 同类产品推算法，它是一种通过同类产品的销量和增长数据去推算市场容量的方法，也就是将相关直接同类产品或能满足用户需求的间接同类产品的销售数量相加，并根据往年的增长数据对其进行分析估算的方法。这种方法适用于已有市场的旧品类产品，不太适用于新品类产品。这种分析方式需要注意的是同类产品的销售数据通常具有一定的水分，因此如果有条件的话，还是尽量从同类产品公司内部获取相关数据比较靠谱。

④ 二八原则。我们这里说的二八原则并非是指帕累托法则，而是小米生态链谷仓学院在《小米生态链战地笔记》中提到的"只满足 80%用户的 80%的需求"。这样做的好处我认为有三点，一是可以将精力聚焦到用户核心、高频、高价值的需求上，从而将核心功能的体验和质量打磨得更好；二是让用户更加容易记住产品的核

心卖点和优势，降低用户的认知和记忆成本。三是更加容易控制成本，这也是很重要的一点。想一想当我们在为了满足某些需求而选购产品时考虑的因素有哪些，我想绝大多数人只会考虑一些常用的功能及产品的售价。这就是为什么要做好"80%用户的20%的需求"的原因，因为只要满足了用户的核心需求，并且产品的价格和质量要优于其他同类产品，那么即便其他同类产品的功能更加全面，用户在选择时也会更加倾向于物美价廉的产品，毕竟大多数人是不会愿意把钱花在那些不常用甚至无用的功能上的。

3.4 同类产品分析

同类产品分析是在要做的产品行业里选择优秀的直接竞争对手和间接竞争对手进行分析，通过对不同竞争对手的企业愿景、产品定位、发展路线、产品数据、产品方案框架、产品成本/售价、营销策略、盈利模式、用户群体、优劣势等宏观和微观的信息进行分析，从而做到知己知彼，并将分析结果作为自有产品价值规划、产品方案设计、产品营销策略等方面的参考依据，取长补短。

做同类产品分析一方面可以帮助我们明确产品的差异化和切入角度，更好地进行市场定位和产品定位。另一方面可以通过研究同类产品，完善我们对需求和解决方案的认知，丰富和优化需求的解决方案。在同类产品分析的目标选择中有三种类型。

① 第一种是直接竞争者，这种同类产品与我们要做的产品通常存在直接的竞争关系，如市场目标一致、用户群体一致、用户需求相同、产品功能极度相似。

② 第二种是间接竞争者，这种同类产品主要是那些用户群体目标相似、功能和需求有一定的互补和替代性的产品，如儿童机器人和智能音箱，它们之间存在一些

相同的需求和功能。

③ 第三种是潜在的竞争者，也就是那些目前看似没有竞争冲突，但是随着未来产品的扩张可能存在替代性竞争。

在进行同类产品分析时，我们容易去分析产品的使用体验、外观等看得见、摸得着的东西，不过更重要、更有价值的应该是分析产品的定位、发展路线、营销策略、盈利模式、优势和劣势、产品差异化等。在这些方面本书就不深入说明了（虽然本书不讲，但是还要重点强调的），因为有很多书籍在这方面说得很棒，比如邹大湿的《硬战》及小米的《小米生态链战地笔记》。本章主要和大家分享的是关于同类产品分析的一些实战技巧和经验。

3.4.1　同类产品信息的获取

在硬件行业中做同类产品分析比较难的一点是获取同类产品的信息，由于硬件产品是实物，因此我们不能像软件产品一样下载就能使用、体验，同时硬件行业本身在共享意识方面就低于互联网行业，所以很多信息是无法通过互联网检索到的。下面是笔者在做同类产品分析或方案分析时获取信息的一些渠道和方法，希望可以帮助大家快速地获取相关信息。

① 官网渠道。官网是最直接的一种方式，从官网上基本可以获取产品功能、性能方面的信息（B 端的产品不一定能看到详细的信息），主要在官网上看的是产品的数据表、说明书和图文介绍等信息。

② 产品拆解评测。有很多的评测机构都会做产品的拆解评测，通过这些评测我们可以了解一个产品的各项功能及硬件配置，有些做得比较深入的测评甚至连产品核心元器件和工艺都会涉及。

③ 行业分析报告。通过各种行业分析报告可以获取同类产品的一些宏观数据，

如产品市场大小、用户体量、产品销售数据、产品收益数据、增长数据等。不过要注意的是，这种第三方的报告基本都是有水分的，要进行理性判断。

④ 展会交流。稍微有点规模的公司都会去参加行业的展会，因此便可以在展会上向他们了解产品信息。这种方式的问题在于你所能获取的信息价值取决于你的演技如何。在沟通中尽量避免被别人发现是同行，同时也不能表现得过于小白或专业，过于小白，别人和你交流的信息就比较肤浅，过于专业，别人容易把你当作打探信息的人从而对你心生防备。

⑤ 以客户身份交流。可以通过这种方式和同类产品公司的销售人员、技术支持人员、售后服务人员进行沟通，这种方式和展会交流的方式基本一样，考验的都是个人演技。

⑥ 与同类产品公司员工交流。多建立一些人脉、多交一些朋友，如果朋友正好是同类产品公司的那就更好了，很多信息都可以交流沟通。我建立智能硬件产品经理群也是为了能多交一些朋友，很多时候在群里交流也能获得不少信息。

⑦ 与元器件厂商交流。在做同类产品分析时我们可以向同类产品的元器件供应商打探消息，他们一般都知道同类产品的细节和销售数据。

⑧ 购买产品拆解体验。直接购买同类产品，自己体验和评测也是一种不错的方式，在评测的时候我一般会拆解产品去分析其核心元器件，从而能大致分析出产品的设计方案和成本等信息。这也是获取核心元器件型号和厂商的一种方式。有时这种方式也能发现小惊喜，如壳体内部贴着方案商或代工厂的信息，通过这些信息我们能直接找到硬件的方案商或代工厂。

⑨ 同类产品用户访谈。直接找同类产品的用户交谈也是一种不错的方式，这种方式可以直观地获取用户对产品的真实评价，通常我们可以从电商渠道找到购买产品的用户，从而进行用户访谈。

⑩ 电商渠道。通过电商渠道可以获取同类产品的销售数据和用户的评价反馈，

同时也可以获取一些产品的介绍信息。

⑪　以图搜图。有些同类产品是用别人的产品进行贴牌，但是一般很少能在产品上找到原始厂家的信息，在这种情况下使用各大搜索引擎的以图搜图功能，也许就能找到原始厂家的信息。

⑫　投标信息。针对一些投标的 B 端产品，可以从相关中标信息和投标信息中获得产品的相关信息。

⑬　人员打探。由于 B 端产品很少会公开大量的产品信息，所以我们很难从公开的渠道获取产品的相关信息，这时就可以利用人脉关系去打探了。对于产品经理自身而言也需要扩展自己的人脉，有的时候多个朋友就多条路。

⑭　新闻文章。通过各种渠道搜索同类产品的新闻文章也是可以的，只不过这种信息要注意其真实性，因为很多的文章都会存在夸大数据的情况，甚至就是完全虚无的公关稿而已。我们可以通过一些类似 inoreader 的 RSS（Really Simple Syndication，简易信息聚合）工具去订阅一些关键词，RSS 工具会自动定时检索互联网上具备此关键字的报道和文章并推送给你。

⑮　与大佬沟通。如果比较土豪的话也可以去类似"在行"这种平台，约一些行业大佬去了解同类产品的情况，他们通常知道的信息是更加真实可靠的，很多行业内的隐藏信息在互联网上很少会被分享出来。我个人觉得这是一种非常高效的信息获取的方式，在有条件的情况下可以尝试。

3.4.2　硬件产品类型

不同类型的硬件产品在功能、产品价值、产品侧重点、盈利方式、研发合作方式上面也都不尽相同，下面我们先来介绍一下目前硬件产品主要的三种类型。

（1）内容驱动型产品

内容驱动型产品是这几年比较火热的一种产品，它的产品逻辑是以硬件为载体或入口搭建和用户连接的通道，让用户通过这个入口与服务器上丰富内容产生互动，通过用户消费或浏览广告产生收益。这类产品的能力框架中最核心的是服务器中庞大的内容和广告变现的模式，硬件在其中只是一个工具而已，它并不是整个产品能力框架中的核心。因此我们会发现这类硬件产品的价格一般都是很低的，远远低于传统的同类产品，这类硬件产品甚至会以低于成本的价格出售。这种情况的核心原因是这种产品的盈利点在内容和广告上，本身并不依靠硬件产品赚取利润，因此硬件作为入口当然是越多越好。

乐视和小米的互联网电视便是这类产品的杰出代表，这些电视在开机界面和关机界面上都会有广告，也就是说每个电视在使用过程中都会给厂家源源不断地贡献广告收入。开机界面和关机界面中的广告只是广告营收的一部分而已，在用户收看电视时同样会有广告及节目曝光推荐等费用。在内容方面，电视厂商会和影视公司、影视 App 等片源方合作把收费的电影挪到电视上来，通过用户付费观看电影向片源方收取一定的费用。还有很多这种内容驱动型的产品，比较典型的有智能音箱、儿童机器人、平板学习机等。

这种内容驱动型产品的盈利点不再局限于硬件本身，而是变成了硬件+内容/广告的模式，因此他们的硬件售价就可以做到很低。由于他们的盈利点不仅仅是硬件产品本身，所以就会以更低的价格吸引用户购买硬件产品，从而在其他方面赚取更多的利润。

（2）功能驱动型产品

由于物联网概念的诞生，很多硬件设备具备了连网的能力，基于连网能力很多硬件设备与互联网中的各种软件系统的能力结合，从而产生了我们这里所说的功能驱动型产品，这种产品的价值和产品框架与内容驱动型产品类似，只不过一个卖的是硬件产品+内容/广告，一个是卖的是硬件产品+能力/系统。在这类产品的能力框架中硬件只负责数据的采集、指令的执行及一些数据计算处理的工作，在云端的服务器中则运行着各种系统、软件、算法，为整个产品协同创造价值。因为此类产品的价值点不仅仅是在硬件产品上，所以产品在收费模式上也变成了硬件产品费用+授权费/服务费的模式。

像 AI 摄像头和智能门铃这类产品便是功能驱动型产品的代表，硬件摄像头在产品能力框架中主要负责图像采集，在云端还有图像处理算法、视频存储、软件功能等系统协同处理，从而实现用户需要的功能，如人脸识别、事件监控、视频通话、监控录像、远程查看等功能。在这种产品中硬件只是完成了产品功能中的一环，更多的功能是在云端的各种系统中实现的，因此企业除了收取硬件产品的费用之外，还会收取云端软件的服务费。

无论是内容型产品还是功能型产品，硬件不是最核心或唯一的价值点，虽然如此，但并不代表硬件就不重要了。硬件作为这个产品中的基础部分，依旧要保证其品质。

这两类产品在研发模式上一般都是由价值比较重的一端发起，也就是那些做内容、算法、软件的公司。他们会根据公司实力和商业模式来决定是自己组建团队研发硬件，还是外包或与其他硬件公司合作研发。自己组建团队在成本和管理方面的难度比较大，不过好处也比较明显，在整个产品研发过程中的控制力比较大，便于产品的调整、优化、迭代等，同时也便于对产品和技术保密。找外包是成本比较低的一种方式，但是问题在于外包的研发质量和控制力不能得到保证，并且在保密性上也存在风险。与其他公司合作研发的这种方式虽然在资金投入和技术保障上都还不错，不过问题是在合作中的协调及利益归属方面比较难处理。

（3）硬件驱动型产品

硬件驱动型产品是一种以硬件能力为主、软件能力为辅的价值形态。这种产品的核心价值是硬件赋予的，在软件方面主要是通过互联网的能力实现随时随地的预警控制及自主的多设备协同工作。像智能灯、白色家电、平衡车这类产品都属于硬件驱动型产品。这类产品通常是单纯的受控设备，因无法与用户产生具备其他价值的交互能力，从而导致其价值点主要集中在硬件上。这类产品采用的基本都是一次性消费的模式，也就是用户购买产品后即可一直使用，无须缴纳其他费用。

因为这类产品的功能比较单一且无法通过持续维护而获得其他方面的收益，所以这类产品的软件功能迭代通常是很少的，主要是为了解决一些 Bug。他们在产品迭代和优化上通常是以硬件和软件同时进行的方式进行迭代升级，以增加软件和硬件功能和能力的方式吸引更多用户购买产品及老用户更换升级产品，从而提高销售量和收入。

3.4.3 产品成本分析

无论是对同类产品的分析还是对自有产品的分析，成本分析都是不可缺少的一部分。我们在获得同类产品的售价和产品成本之后便可计算出大概的利润率，通过利润率和同类产品的销售数据可以分析出同类产品的总营收等相关数据。分析自有产品的成本，一方面可以给产品定价提供参考，另一方面也可以从不同的角度给降低成本的策略提供一些参考和方向，从而提升产品的利润率或调整产品的售价。产品成本的构成有很多方面，我们以图 3-6 所示的方面为例来介绍一下硬件产品成本的构成。

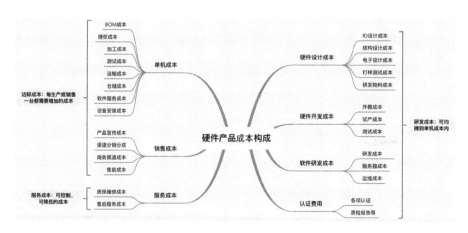

图 3-6

（1）硬件设计成本

① ID 设计成本。对于产品外观设计所需要的费用，使用品牌设计公司进行设计和使用一般的设计公司或个人进行设计，费用会相差非常多。

② MD 设计成本。如果找模具厂或工厂来设计，那么结构设计的费用通常是比较低的。这主要是因为供应商想赚模具开发和注塑的钱，因此在 MD 设计费用上要得比较低。对于那些只做 MD 设计的公司而言，由于没有开模和注塑这两个赚钱渠道，所以在 MD 设计费用上就会高不少。

③ 电子设计成本。电子设计通常是指原理图设计、电子电路的设计、元器件的选型及 PCB 的设计绘制，在整个产品中电子设计是最核心和最重要的，当然在研发成本上也最高的。

④ 打样测试成本。在完成不同阶段的设计后都需要进行打样测试，打样测试的费用由打样的难度和打样的次数决定。

⑤ 研发物料成本。电子硬件产品在研发测试的过程中需要用到很多的电器设备，这些设备的成本也是不少的，通常会高于打样测试的费用。

（2）硬件开发成本

① 开模成本。开模的成本是比较高的，基本能占到硬件产品研发成本的三分之一。

② 试产成本。试产成本是指产品前几次在试产中投入的成本，这些试产的产品一般是不会销售的，因此也不会产生利润。

③ 测试成本。产品在开发过程中对壳体、电子等部分做各种测试的费用，费用的多少主要与产品复杂程度和测试量有关。

（3）软件研发成本

① 研发成本。软件的研发成本可以分为设备端的固件研发成本和其他软件研发成

本两部分，通常固件研发的成本会低于其他软件的研发成本，因为其他软件更为复杂，类型更多。

② 服务器成本。服务器成本包括软件运行所需的计算资源和网络带宽等成本，以及设备、用户和软件所产生的数据存储费用，这个费用虽然会实时变化，不过是可以量化细分出来的。

③ 运营与维护成本。运营与维护成本是所有软件系统运行维护所产生的成本，这个成本就不太好量化了。一般如果只是维护现有系统，那么成本就比较低，但是如果需要持续地更新迭代，成本就比较高了。

（4）认证费用

① 各项认证。例如，3C、CE、CCEE 等认证，不同的认证，其费用也不尽相同，一般的认证费用并不太高，但如果是医疗等行业的认证，费用和时间也是一笔不小的投入。

② 质检报告。质检报告是任何产品都需要具备的基本质量凭证，其费用也不多，一般几千块钱即可。

（5）单机成本

① BOM 成本。BOM 成本是指产品的各种元器件、壳体等部分的成本，它占了一个产品生产成本的绝大部分。

② 授权成本。授权主要包括一些专利的授权、软件的授权、内容的授权、服务的授权等，这部分成本不是一个产品的必要成本。

③ 加工成本。加工成本是指产品在生产过程中除去元器件等物料所需要支付的各种人工和机器的加工费用，产品方案设计得越好、加工难度越低，其加工成本也就越低。

④ 测试成本。测试成本是指产品在生产过程中的测试费用，其与加工成本相同，都是以人工时间来计算的成本，因此测试项越多、难度越大，测试成本也就越高。在产品逐步稳定之后测试项的数量也就慢慢减少，测试费用也就会随之降低。

⑤ 运输成本。运输成本是指产品在工厂、仓库、代理商、用户之间流转的费用，流转的链条和距离越长，其费用越高。这是降低产品成本的一个重要方面，它不仅代表了运输的成本，还反映了产品从工厂到用户手里的流转效率的高低，流转效率越高成本就越低。

⑥ 仓储成本。仓储成本同样是成本管理的一个重要点，产品仓储的时间越长，仓储成本就越高。如果能提升产品的流转效率、减少仓储的时间，那么就可以有效地降低仓储成本。

⑦ 软件服务成本。软件服务成本是指维持每个设备正常运行需要付出的软件和服务器维护和运行成本，和上面说的服务器成本、运行与维护成本相似。对于那些计算资源和储存资源要求都比较小的设备，通常是不会独立计算成本并向用户单独收费的，只有那些对计算和储存资源占用较大的设备会单独计算每台设备的费用并向用户单独收费。

⑧ 设备安装成本。这是那些需要专业人员安装的设备所产生的费用，这个费用通常是需要单独支付给安装人员的，所以一般也是单独向用户收取。

（6）销售成本

① 产品宣传成本。产品宣传成本是指为了增加产品的曝光度所采用的各种宣传手段而产生的费用。

② 渠道分销分成。给各种渠道商支付的产品销售分成，如电商渠道、引流渠道、代理商渠道等，渠道分成会占一个产品售价的大部分，在很多数码产品中销售渠道费用会占产品售价的三分之一左右。

③ 商务渠道成本。这主要是拓展代理商或客户所产生的商务费用，如对渠道商的优惠政策和活动及与大客户之间的商务往来产生的联络费用。

④ 售前成本。售前成本是指产品在销售之前需要给客户提供各种售前技术对接所产生的人力费用，一般 B 端产品的售前成本较高。

（7）服务成本

① 质保维修成本。质保维修成本是指产品在质保期内出现问题后的维修、换新所产生的费用，这个费用的大小根据产品质量而定，一般在产品定价时会酌情考虑这部分成本。

② 售后服务成本。售后服务成本是指在质保期外为客户解决产品问题所产生的费用，这个费用通常是单独向用户计算收取的。

硬件设计成本、硬件开发成本、软件研发成本、认证费用这几类成本，在产品开发结束后是很容易量化的，所以在产品定价中也会均摊在里面。在均摊时需要考虑产品的保守销量，也就是预估产品在市场中最保守的销售数量，在均摊时需要基于这个数量考虑每个设备均摊的费用是多少及这个均摊费用对产品的价格竞争力造成的影响。如果影响过大则需要考虑每个设备均摊的费用大小，从而平衡产品的售价。

单机成本是新增一个设备的边际成本，也是最基本的、占比最大的成本，因此在同类产品分析或自有产品分析时，如何得到更加精准的分析结果也是很烦琐的工作。在分析调查时我们可以把单机成本分为硬件出厂成本、运输仓储成本及设备使用成本来分析。最理想的硬件出厂成本分析方法是找到同类产品的内部人员或加工厂，从他们口中打探出硬件的出厂成本，这种方法一般很难行得通。笨一点的方法就是直接买来同类产品进行拆解，并找到主要元器件的供应商进行询价，然后根据经验估算非主要元器件的成本，计算出硬件的出厂成本，这种方法就比较麻烦和耗时了，但是通过这种方法还是可以得到相对真实和客观的成本的。最终评估出厂成本时可以结合前面说的两种方法与销售价格的三分之一做综合的评估得到相对客观的硬件出厂成本。运输仓储成本的评估相对比较简单，我们可以通过查询同类产品公司所在地和代工厂所在地获得对应的仓库价格和物流成本，然后结合产品的平均存储时间得到产品的仓储物流成本。这里比较麻烦的是评估产品的仓储时间，评估时主要可以通过产品包装上的生产日期、合格证的日期及产品生产时质检通过标记的日期与采购日期做比较，从而得到大概的仓储时间。设备使用的成本有软件成本和安装成本，软件成本可以考虑设备对数据和算力的要求及是否需要第三方的授权服务，通过调研这三方面的成本来评估软件部分的成本。安装成本比较容易得到，直接找安装设备师傅聊聊，一般就能知道安装成本。

产品宣传成本和售前成本在同类产品分析中通常很少去做，一方面是因为这两个成本对分析对手的作用和价值并不太大，另一方面宣传成本是对方在产品销售前后都会持续投入的，而售前成本通常也不会对外透露，甚至他们自己都可能没分析过。虽然不用去分析宣传成本和售前成本，但是在产品宣传方案、宣传渠道、宣传效果方面，以及售前技术支持方案和服务质量方面还是值得去分析的。这两部分一个是决定了用户知不知道，另一个决定了用户要不要买。

渠道分成是同品类产分析的一个重点，产品经理需要了解生产同品类产品的企业在渠道分成中能给渠道商多少个点，以及它的渠道体系是什么样的。通过了解相关信息，可以在产品的销售定价、渠道商分成比例上面与其进行竞争。商务渠道成本一般在 B 端行业中较常见，尤其是那种需要投标的大型项目。这种项目一般看的都是项目总成本，所以单个产品的标价在不同项目中也是不一样的，有的单价会很高、也有的会低于成本价。同样商务人士来往所产生的成本也都会和产品成本一样被加在其他各项成本中，所以这种同类产品分析主要是想办法获取对方的基本产品成本及在项目上的总利润，这种信息一般都比较难以获取，产品经理大多都是从自己公司的商务同事那里获取这种信息的。

质保成本和售后服务成本也是比较难以获取的，所以只能通过对方的质保和售后服务政策去做基本的评估。对于这两项的分析更多的是获取对方的质保和售后服务体系，从而给自己产品的相关体系做参考及进行针对性的竞争，有些类型的产品的质保和售后服务方面也是用户很在意的地方，因此这两项也是产品竞争力的因素。

3.4.4 方案分析

在分析互联网或销售驱动型企业的硬件产品时，我们首先需要判断其产品是自己设计生产的，还是直接用别人的产品进行贴牌的，自己只是改个 Logo、改个壳体而已。如果是前者则需要对其进行详细分析，如果是后者则可以很容易地获取其相关信息。对于这种贴牌的产品我们可以通过各种行业群去寻找真正的硬件厂家，也可以通过百度、谷歌等搜索引擎用以图搜图的方式找到对应厂商的官网，然后了解其产品的市场定位、功能、性能、成本等方面的信息。

在很多互联网企业中，他们做的硬件产品只是自己能力和价值体现的一个载体而已，其核心价值是软件能力或用户体量，硬件部分并不是他们的核心，因此通常他们都是直接用别人的硬件产品进行贴牌，自己针对性地做软件部分的开发。对于这种产品，我们应该更多地分析其软件的价值、能力、特点、领先性及和用户体量相关的信息。例如，现在很多做人脸识别系统的企业，他们绝大部分都是那些做软件、做算法的企业，他们用别人的硬件进行贴牌，然后结合自己的软件能力，实现产品的价值。对于这种企业来说硬件的价值并不是那么重要，其产品的核心是软件能力和性能的强弱。

那些销售驱动的企业做的产品很多都是为了赶风口赚钱，他们的硬件产品很多都是完全贴牌的，自己基本不做任何研发。对于这种同类产品基本不用做同类产品分析，应该有针对性地分析其方案商，同时也应该着重分析这个行业是否存在这种随意贴牌的乱象，避免因为贴牌产品过多等因素使企业身陷价格竞争的泥潭。同时还要分析竞争对手的销售能力、渠道能力、品牌能力等，从而判断与其是在产品方面竞争对是在销售方面竞争。

有很多贴牌的产品卖得也不错，如儿童机器人行业中的某些品牌，其通过自己擅长的代理渠道模式出了很多货。这一方面是因为企业的渠道能力强，另一方面也是因为它们选择的方案商本身能力也不错。但是成功的永远是少数的，虽然贴牌厂商为行业的发展起到了很大的推进作用，但是很多行业中的贴牌产品通常卖得并不成功，原因主要有以下几方面。

- 产品可控性不好，产品质量及能力受制于方案商的能力和认知。
- 产品更新迭代受限，当产品需要优化迭代或出现问题后不能及时处理。
- 缺乏竞争力，因为没有产品或技术的壁垒，你卖的产品和别人卖的产品是一样的。
- 价格战竞争激烈，因为是相同的方案商研发的产品，其能力是一样的，所以在产品竞争上面大家很容易陷入价格战。
- 售后服务不到位，因为大多数产品是贴牌产品，品牌方一般是没有能力投入足够的技术支持的，并且很多问题都需要反馈到方案商那里才能解决，因此品牌商在产品售后服务中也很难做好。

在与方案商合作的时候有一点很重要，那就是不要陪着他们成长，如果要做贴牌产品一定要选择开发完毕的产品，且方案商成熟可靠，有一定的量产经验，否则到最后你会发现，自己陪对方踩完了所有的坑，但是自己的产品与其他品牌的产品并没有什么区别。贴牌产品虽然推动了行业的发展，但是同样也导致行业出现了一些恶性竞争和循环，如果要进入一个贴牌产品丛生的行业，那么一定要规划自己产品的市场和特点，想办法避免与那些贴牌产品陷入直接的竞争。

在方案分析中需要分析的因素有很多，我们需要通过各方面了解一个产品的技术方案、产品功能和性能、产品销售和推广渠道，在此基础上做综合分析，从而结合用户的需求及同类产品的优势和劣势来设计自己的产品，保证在满足用户需求的同时可以与同类产品产生优势上的差异，给用户足够的选择自己产品的理由。在同类产品方案分析中我们可以参考以下几个方面来进行分析，通过列举相应的指标进行对比及做出分析决策。

① 产品需求满足度。有没有更好的需求满足方案或可以优化的地方以提升用户需求的满足度。

② 技术方案最优解。技术是在一直演变的，所以需要分析在满足用户的需求的基础上当前的技术方案是否是最合理的，有没有其他的技术能够更好地满足用户的需求。

③ 方案成本最低化。同样是满足用户的需求，在满足当前的质量和性能标准下是否还有成本更低的方案。因为成本和售价是产品的核心竞争力中重要的因素，同样的需求，如果有更低成本的满足方式，那么用户就会倾向于选择更加实惠的产品。

④ 用户体验分析。人无我有、人有我优，所以分析产品方案除了那些硬性的指标，还要分析产品的用户体验，产品经理需要考虑人机交互的各种因素，如操作输入、信息读取、状态反馈、声光反馈等。

⑤ 销售方案设定。很多产品现在已经不是靠卖纯硬件产品来盈利了，它们会将产品的能力拆开售卖，如卖服务、卖云空间、卖授权、卖功能、卖性能、卖内容、甚至卖广告等，所以分析一个产品就要分析其组合的收费模式，以免出现错误的分析。有的时候出售硬件产品本身是不赚钱的，实际赚取的是其他方面的收入。

在分析同类产品的方案时可以从多个方面进行，最基本的就是通过网上的评测信息、宣传信息去获得相关技术方案和产品的功能、性能。这种方式的缺点在于很多评测和宣传其实都有一定水分，因此我们需要结合其他的分析方法进行客观的分析。拆机实测是最客观和真实的一种分析方式，我们在做评测时会购买相应的同类产品，然后从功能、性能、交互、体验、稳定性等多方面进行使用评测。同时针对硬件本身进行拆机分析，分析的目的是为了搞清楚其硬件技术方案和选用的元器件，然后结合产品的使用体验了解同类产品方案的功能逻辑和硬件逻辑。同时根据元器件的信息分析产品的成本、性能、优点、缺点及可以优化提升的地方，给自己的产品方案做参考。除了上面两种方式，还可以向同类产品供应商了解相关的信息，通过这种方式不仅可以了解到同类产品方案的相关信息，还可能了解到核心的元器件性能及其他难以获得的信息。

自己在做产品设计方案时找供应商聊一聊也是一种很有价值的事情，通常在做产品方案设计的时候，我们都会同时考虑几种不同的实现方案和原理及对应的元器件，然后去找相应的元器件厂家讲解我们产品的目标和方案。让他们帮我们一同分析产品方案在技术、性能、成本等方面的优势和不足。经过与多个厂商沟通分析，我们就会更加全面地掌握各种技术方案的特点、性能、适用场景等信息，从而帮我们实现对产品方案客观科学的选型。

3.5　产品设计

当产品经过前期的调研和分析之后，产品经理若觉得有机会做，那么就要着手去做产品方案的设计了。市场分析和需求分析回答的是一个产品或方向是什么、为什么，而产品设计则回答的是做什么、怎么做。是什么、为什么、做什么、怎么做，这四个问题描述了一个产品为什么诞生及如何诞生的全过程。产品设计中主要包括产品定位、需求筛选及核心价值的分析等几个问题。下面我们从不同的方面看看在产品设计中需要考量的因素。

3.5.1　产品定位

产品的定位就像一面旗帜，对外塑造了产品在用户心中的形象，从而使市场和目标用户可以快速认识和记住企业及产品。产品定位对内则代表了企业对产品本身的要求和理念，它就像灯塔一样在产品的各种抉择中为我们指明方向，引领团队朝着共同的方向前进。

在产品定位中考虑的因素主要包括两个方面。一个是明确需求定位，同类的需求可以分为不同的层级，如在客流分析行业中有分析顾客属性的需求，也有分析顾客数量的需求，这两种需求对应的产品也不同。细化产品以满足需求会使用户的认知和产品的特点更加清晰，在产品设计上也可以起到聚焦的作用，使产品在关键点上更加具备竞争力。第二个是选择差异化优势，通过对用户群体、市场环境、同类产品等分析来确定同类产品在市场环境中的优势和劣势，从而在产品设计和宣传中寻找差异化的优势。

产品定位对产品设计可以起到决定性的作用。以客流分析设备为例，目前，市场上的客流分析设备主要有三种设计方案。

① 采用摄像头的人脸识别方案，这种方案最大的弊端就是不仅硬件成本高、需要布线安装（布线成本也非常高），并且在没有完整且可打通的会员系统时即便拿到人脸数据也无法体现其价值。

② 基于摄像头的数人头方案，这种方案虽然硬件成本低一点，但布线成本却并没有降低，并且只能数人数。

③ 基于红外对射的方案，这种方案同样也只能数人数。虽然它可以免去布线环节且成本较低，但是准确率却远远低于基于摄像头的数人头方案，因此数据的真实性和价值较低。

这三种方案对应的产品定位也不同，第一种方案针对精准营销的客户，可以给客户提供消费者的个人信息，从而使客户可以精准的投放广告或进行顾客运营。第二种和第三种方案可以满足小型商铺的基础客流分析需求。

通过上述的分析，我们在做一个客流量分析的产品时，给它的定位是"低成本、易安装和维护的热红外客流分析仪"。其中"低成本、易安装和维护"是来自对市场、需求、客户等方面的分析，"热红外"则是在满足前两者需求的前提下最为可行的方案。基于这个产品的定位，我们在设计产品时需要考虑很多有针对性的问题，首先产品的作用和精度不能低于第二种摄像头方案，其次免去摄像头布线或电源线的烦琐和成本，最后产品本身的硬件成本也要低于目前的红外对射方案。基于对产品的要求，我们在方案设计中选择了一种多点的热红外温度传感器来采集环境温度数据，并利用算法计算人数。这种传感器经过算法的大量训练是可以达到第二种方案的精度的，同时这种传感器相对于摄像头来说，功耗还是比较低的，同时也是有可能通过电池供电的方式实现免布线的。也就是说，这个产品可以实现精度与摄像头方案的精度在同一水平、使用电池供电、免布线、使用双面胶粘贴安装，且售价可低于红外对射方案。我们下面主要看看在产品设计中受产品定位影响的几个方面，这几个方面都依托于产品的定位和目标才能做出抉择。

① 数据采集。为了满足精度及产品"低成本、易安装和维护"的定位，所以无法采用摄像头和红外对射的方案，因此最后选择了一种多点热红外的方案。

② 供电方式。为了符合"易安装"的产品定位只能使用电池供电，并且就连换电池的频率也要尽量降低，因此我们选择了一种自放电率低的不可充电电池，可实现一年的电池待机。锂离子等电池虽然可以重复使用，但是由于其自放电率高，无法使用一年而被舍弃。

③ 安装方式。依托于电池供电的灵活性，我们提供了双面胶粘贴及螺丝固定两种方式，极大地提升了安装使用的便捷性。

④ 通信方案。因为数据量大，广域网低速率的通信技术无法满足需求，所以我们最后在 ZigBee 的低功耗、高速率和 Wi-Fi 的高功耗、高速率（通信速率是相对产品数据而言的）之间选择了 Wi-Fi。虽然 ZigBee 功耗低可以满足实时传输的要求，但是需要增加一个网关的成本而被舍弃。由于 Wi-Fi 具有功耗较高的特性，所以我们在实时性上做了妥协，采用了定时上报数据的方式以降低 Wi-Fi 的功耗。

上面提到的四个问题只是在产品设计中需要选择、斟酌的一小部分问题，在一个产品的设计开发中需要选择、斟酌的事情还有很多。有人说产品经理每天都要做很多的选择和权衡，所以如何进行选择和权衡也是产品经理的一项基本功。在产品设计中，笔者主要根据产品的定位和目标来做相关的权衡和选择，这也就是大家常说的目标导向。只有目标明确，在做产品的过程中才不会容易走偏，所以设定好产品的定位和目标是在做产品的过程中最重要的一步。

3.5.2　需求筛选

对于一个产品来说，它通常不会只满足一个需求，但也不能满足所有的需求，因此产品经理需要判断一个产品需要满足的需求有哪些。产品需要满足哪些需求对于产品的目标用户、开发周期、产品成本等都有影响，产品经理需要合理地筛选需求，并对需求进行排期规划。

（1）需求价值

产品在满足一类用户或一类需求时直接或间接的需求有很多，不过并不是所有的需求都需要用当前的产品来满足，因为满足每个需求都是需要付出实实在在的成本的。很多需求其实并不能带来相应的回报，甚至会给其他没有此需求的用户带来负面的影响，因此在筛选需求时，产品经理需要分析需求的价值。作为需求，最基本的条件就是它必须是实际的问题，然后才能基于这个问题去评估其价值。网上有一个很红的主播，他发明了很多的东西（也可以叫作产品），这些东西所解决的"问题"其实并不是我们生活中的实际问题，因为那些"问题"并不是真实存在的，所以他发明的东西是没有价值的。需求的价值越高，越需要被满足，反之则不值得被满足或不值得放在较高的优先级上去满足。评估需求的价值主要可以从普遍性、使用频率、是否为刚需三个方面来评估。

普遍性是绝大多数产品或需求价值评估的第一因素，普遍性越强，产品或需求的价值也就越大。我们假设一个需求满足一个用户的价值是 1 元，如果这个需求足够普遍的话，有一百万个用户都有这个需求，那么这个需求的价值就是一百万元。需求价值=单个用户价值×潜在用户数量，所以如果产品能够满足这个需求，那么这个产品的价值至少是 100 万元。有些产品需求的用户很少，但是它的价值依旧很大，只不过它的价值不是体现在普遍性上，而是体现在单品价值上。

使用频率是另外一个维度的价值评估方法，价值=使用频率×单次价值。从使用频率来看，价值可以分为高频低价值和低频高价值两种。餐饮行业就是典型的高频低价值，我们按照每人每天 3 次，每人持续 80 年用餐来算，可以计算出每人对餐饮行业产生的价值约为 1 人×3 次×29200 天×30 元（单次用餐成本）=2628000 元。买房和用餐是完全相反的一种需求价值，它的价值是频次低但单价高，通常一个人一生只买一次房子，但是买一次房子的单价就要几百万元。虽然看起来买房和用餐在频率上完全不是一个量级的，但是对于一个人的一生而言，这两种需求的价值基本是差不多的。使用频率这个评估价值的维度在分析中需要结合单价，从而得出一个需求或产品对于一个人或一群人的价值。

刚需是指用户对于需求需要被满足的意愿大小，如果需求被满足的意愿非常大或必须被满足，那就意味着这是一个刚需。需求是否为刚需取决于两点，第一点是需求对用户的影响，是不是不被满足用户就达不到目标，如果是，那么需求就是刚需。第二点是需求是否有替代的解决方案，如果没有，那么这个需求也是刚需。一个需求即便是刚需也并不一定代表其价值高，刚需的价值大小可以通过用户为了满足这个需求所愿意付出的成本来得出。以护肤需求为例，现在无论是男生还是女生都是需要护肤品的，但是对于男生而言这并不是刚需，或者说这个刚需的价值并不大，而女生对于容貌比较重视会尽力去保养皮肤，所以对于女生而言，护肤品就是刚需。

（2）需求评估

一个产品通常是一些需求集合的产物，而非一个产品只满足一个需求。当面对很多需求时，产品经理需要判断做什么、什么时候做、做多少等问题，对于这些问题我们可以通过卡诺模型来得到答案。

在使用卡诺模型前，我们首先需要了解其中两个基础因素：一个是满意度，一个是完善度，如图 3-7 所示。

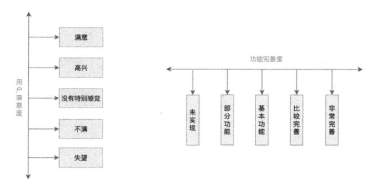

图 3-7

① 满意度。满意度指用户对于需求满足程度的情绪表现，那些用户满意度高的需求越是被满足，产品的价值就大，理论上就越值得做。

② 完善度。完善度指需求或功能开发的完善程度，有些类型的需求或功能的完善度越来越高，但是用户的满意度却并不一定能随之增加。例如，找回密码功能，产品经理将短信验证、电话验证、声纹验证、密保问题等方式和机制做得非常完善，用户对于需求或功能的满意度并不会随之增加。

卡诺模型中把需求或功能对用户满意度的影响作为评估因素，从而体现需求或功能和用户满意度的关系。模型中将满足需求的产品功能或服务分为如图3-8所示的几种属性。

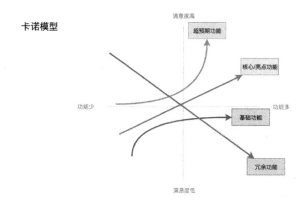

图 3-8

① 魅力属性（超预期功能）。魅力属性是指产品所提供的功能超出用户的预期，在不提供此功能或服务时并不会降低用户对产品的满意度，如果优化这些功能或服务，用户的满意度则会大大提高。以手机为例，之前没有一款手机同时具备微距镜头和长焦镜头，笔者买手机的时候并不会因为手机不带这两个镜头而觉得手机不好，但是自从体验了华为 P30Pro 在拍 PCBA 和远处物体时的便捷性后，华为手机在拍照功能上给笔者的感受远远超过了笔者对它的预期。魅力属性并不会一直存在，当其他产品逐步完善后，魅力属性功能就会慢慢弱化，逐步变成期望属性。

② 期望属性（核心/亮点功能）。期望属性可以理解为用户对于一个产品相对较高的要求，也可以理解为产品的核心或亮点。当产品的功能、性能或服务超出用户的基本需求而成为产品的核心或亮点时，用户对产品的满意度就会增加；当产品的功能、性能或服务达不到基本需求时，用户对产品的满意度就会降低。例如，芯片厂商发布了一款高端的手机芯片，生产手机的企业在新发布的旗舰机上使用了这款高端芯片，用户对手机的满意度就会提高。

③ 必备属性（基础功能）。必备属性是指当企业优化此需求或功能后，用户的满意度并不会上升，当企业不能满足此需求或不优化此功能时用户的满意度便会大幅下降。例如，软件账户的找回密码功能，即便是找回密码的方式再完善，对于用户而言，这本身就是应该的，用户并不会因此增加对产品的满意度；反之，如果没有找回密码的功能或找回密码的功能非常难用，那么用户对产品的满意度就会大幅下降。

④ 反向属性（冗余功能）。反向属性是指那些用户根本没有的需求，产品提供了此功能后用户的满意度反而会降低。就像我们在 12306 网站买票时需要填验证码及安卓手机的 Micro USB 接口需要区分正反面一样，提供这种需求或功能后用户的满意度只会降低。

我们了解了卡诺模型中对需求的几种属性的定义及其意义后，下面就来看一下如何评估需求属于哪种属性。评估的方法是通过用户调研、访谈等方式获取用户对某个需求是否被满足的情绪变化，从而判定某种需求的属性。具体评估方法可参考

表 3-1 中的内容，评估的结果分为六种。

表 3-1 需求属性评估表

需求/功能/服务	负向：如果产品不具备此功能或服务，您的评价如何？					
正向：如果产品具备此功能或服务，您的评价如何。	评价态度	我很喜欢	它理应如此	无所谓	勉强接收	我很不喜欢
	我很喜欢	Q	A	A	A	O
	它理应如此	R	I	I	I	M
	无所谓	R	I	I	I	M
	勉强接收	R	I	I	I	M
	我很不喜欢	R	R	R	R	Q

- A——魅力属性。没有这种需求、功能或服务对用户没有什么影响，有了这种需求、功能或服务用户就会非常高兴。（措施：需要一些这样的功能或服务来吸引用户，从而大幅增加产品的竞争力，所以此类属性的优先级应该提升。）

- O——期望属性。没有此类需求、功能或服务，用户会不满意，有此类需求、功能或服务，用户的满意度会提升，这种需求、功能或服务属于用户已知的且觉得需要具备的需求、功能或服务。（措施：在有条件的情况下这种需求或功能应该尽量满足，避免产品的竞争力降低。）

- M——必备属性。如果此类功能或服务不具备的话用户会不满意，具备此类需求、功能或服务用户的满意度也不会增加，这种通常是非常基础的需求、功能或服务，用户已经默认它是必备的了。（措施：该有的都要有，但不必过多占用资源。）

- I——无差异属性。有和没有对于用户而言没什么感觉，这种一般是用户本身用不到或者不易直接感受到的需求、功能或服务。（措施：要考虑这种功能或服务是否值得做。）

- R——反向属性。提供这种需求、功能或服务只会给用户添加麻烦或带来不便。（措施：此类需求、功能或服务能减少就减少。）

- Q——可疑属性。提供和不提供对用户都会造成满意或不满意的功能或服务，通常是不应该出现这种情况的，除非调研问题本身就有问题或受访者的理解、表达有问题。（措施：思考调研或访谈存在的问题。）

3.5.3　活在当下，少做梦

硬件产品是典型的实业，在产品的研发、生产、销售等环节耗费的时间和金钱成本都是巨大的，作为产品经理应该谨慎规划。硬件产品不能和软件产品一样先发布一个版本，后续逐步对功能进行迭代优化，从而将产品做到最理想的状态。做硬件产品需要考虑周全，做好产品定位、功能和寿命的设计，在研发、制造过程中一次性完成所有的规划。硬件产品很少涉及版本的迭代，所以不要想着后续逐步对产品进行优化。可能有人会说市面上有不少产品也存在类似增强版、青春版等第二代产品。是的，确实有产品存在第二代产品，不过如果我们仔细观察就会发现，之所以能推出第二代产品是因为第一代产品是成功的，如果第一代产品都不成功，何来第二代产品的推出呢？这里笔者想表达的是刚开始就要做好产品的设计，使其能够成为一个独立的、完整的、有价值的、能够获得市场认可的产品。

在互联网行业中很多产品都是跟风做的，在产品还没有得到验证的时候大家就蜂拥而上，生怕落后，自己其实并没有考虑清楚产品应如何落地。硬件行业不能指着不切实际的概念去赚钱，因为从概念到产品价值的输出需要时间积累，对于硬件行业来说很多公司或产品等不到概念成熟就会被"拖死"。任何产品都是和用户在进行价值交换，我们给用户提供产品，用户付出金钱或时间。概念再好，如果用户的需求得不到满足，产品也就没有价值可言。

软件行业的好处是很多产品和用户交换的是他们的时间，而时间的价值，用户往往无法衡量，但是在硬件行业中我们和用户交换的往往是实实在在的金钱。人们本身对金钱就比较敏感，所以在交换过程中用户就会进行投入和产出价值的比较。如果用户觉得投入大于产出价值，那么就不会购买产品，因此那些概念型的产品在无法满足用户的需求之前是很难和用户达成交易的。企业应该在符合当下技术可行、市场环境可行、供应链能力可行的情况下去做硬件产品，为用户提供其认可的产品和价值。

在产品的设计和规划中要避免用产品验证技术，就是在未确定技术可行的情况下不要尝试将技术产品化，因为产品化的时间和金钱的成本是很大的。在实际工作中我们确实常常会遇到这种问题，笔者在工作中也遇到过几次。对于这种技术性的问题，我们不应采用产品化的方式去做，而应采用科研项目的方式去做。产品化和科研的区别是产品化往往需要付出很大的成本，负责人也要背负业务的压力，这样就会导致负责人因压力而被动或主动地乐观看待技术的不足，从而导致其高估技术能达成的效果，最终使产品的效果和预期不符，甚至无法达到技术产品化的基本要求。科研项目的特点是仅利用较少的资源去突破核心的技术点，并不会投入过多的资源做产品化的事情，科研项目的负责人也不会背负业务压力，所以对于技术的研究和评估都会比较客观，从而避免不必要的投入。当以科研项目的形式确定了某项技术的可行性后，再将技术产品化才会更加有把握。切勿用产品验证技术，成熟的技术才是最可靠的。

3.5.4 成本很重要，价格永远是最大的竞争力

单品在功能或服务相同的前提下价格永远是最大的竞争力，回想一下我们在选购商品时除了产品的生态价值、产品功能和性能的因素及品牌效应，在相同级别的产品中做选择时，是不是主要考虑的就是价格？所以产品的价格是很重要的一个竞争力因素，传统的硬件产品价格只包含了购买硬件本身的价格。现在一些硬件除硬件本身外还增加了"服务费"等价格因素，这些都是一个产品的价格竞争力因素。产品的价格是由成本和利润组成的，所以成本在绝大多数情况下决定了产品的价格（近几年类似入口或通道性质的硬件产品除外），想从价格上获得竞争力，控制产品的成本是必不可少的一环。产品的成本包括研发成本、元器件成本、组装加工成本、物流仓储成本、销售渠道成本及售后服务成本等，这些成本加起来就构成了最终的产品成本。产品的成本越低，产品的利润就越高，所以我们要从各个环节降低产品的成本。例如，元器件的成本可以通过购买数量或拼单的方式来降低（核心是

量大价低、量小价高）；组装加工成本可以通过减少批次、增加单次数量的方式来降低、仓储物流成本可以通过减少物流的次数和仓储的时间等方式来降低。

在产品的设计过程中，产品经理要面临很多的选择，做选择时我们肯定不能一拍脑袋就决定，我们需要以目标、性能、成本等作为参考依据来做选择，这里我们主要聊的是成本。做方案设计的时候，在性能、要求都能满足的情况下我们经常会遇到各种选择，如通信方式选 A 还是 B、电池大点还是小点、壳体要不要喷油处理等。我们在对产品进行定位规划时应确定产品的市场范围及产品销售的价格范围，所以可以用这个销售价格减去保底利润得到产品成本的上限。当有了这个成本上限之后我们就容易做选择了，在多个选择之间肯定是选择成本最小的那个。

3.5.5　长远计划，为一年后做产品

相信大家都听说过摩尔定律，结合硬件产品以年为单位的研发周期，我们就能发现，如果按照当前用户的需求去做产品，那么当产品做出来的时候往往就达不到用户的预期了，同样也不具备竞争力了。所以我们在做硬件产品规划设计时就要具备前瞻性或超前性，对产品的要求需要超出当前用户的预期，保证在产品生产出来时依旧能够满足用户的期望和需求。

对于产品设计的超前性我们可以从功能、性能、成本三个方面考虑，功能是指产品本身满足用户需求的方式和方案，在功能设计方面需要具备一些"新意"。就好像蓝牙耳机一样，前几年很多厂商还在宣传自家的耳机音质如何好、待机久等特点时，苹果推出了 AirPods。AirPods 真无线和开盖连接的方式解决了一直困扰用户的问题，并给了其他同类产品"致命一击"。这种便捷的使用方式让用户完全忽略了其他厂商宣传的音质特点，并且在产品的领先性上远远超过了其他的产品。在待机方面，AirPods 并没有像其他厂商一样把待机的压力都放在耳机上，而是通过电池仓有效地解决了待机时长的问题，从而避免了耳机臃肿的外观及对佩戴体验的影响。

汽车作为代步的交通工具，能够随时随地、快速便捷地将用户带到目的地是其最基本的价值，但是现在出现的电动汽车在续航里程这个性能指标上一直不能让人满意，并且这也成为电动汽车和燃油汽车在对比时最大的短板，所以续航里程长就成了各大汽车制造商突破和宣传的重点。每代电动汽车如何延长其续航里程一定是汽车设计者们着重突破的点，同时每代产品也都会将性能指标定得远高于上一代产品，否则产品在市场竞争中就会失去核心竞争力。

产品在价格竞争力方面同样是符合摩尔定律的，因为产品在推出的时候，在性能相同的情况下成本一定是低于现在的。如果产品在设计时按照当前的水平去设计，那么产品推出后一定不具备价格上的优势，所以产品设计一定要和当前相比，要么提升产品的性能和功能，要么降低产品的成本和售价。就像苹果手机一样，从iPhone4到现在的iPhone11，在售价基本没变的情况下，新产品的性能已显著提高。

3.5.6 需求、功能、性能的平衡

软件产品注重用户的极致体验，在功能上要做得尽善尽美，这得益于软件产品的复制成本接近于零的特性，所以提升用户体验所付出的成本和给用户带来的价值相比是非常小的。做硬件产品则不是这样，这并不是说做硬件产品就不用追求极致的用户体验，而是因为硬件产品增加功能或提升性能需要在每台产品上都增加成本，所以硬件产品在其需求的满足度及功能和性能方面都需要斟酌，既不能太低也不能太高，太低了会降低产品的竞争力，太高了又会导致产品在价格上失去优势。在进行产品设计时，产品经理需要做权衡和取舍，在做取舍时可以从需求满足度、功能完善度、产品性能等方面进行。

需求满足度是指满足用户需求的程度，在需求筛选中其实我们也可以参考二八原则去筛选，因为用户在使用产品的过程中，经常使用的功能其实也就几个而已。通过普遍性、高频、刚需这三个维度可以筛选出最具价值的需求，这些需求除了那

些筛选出来的几个高价值的头部需求，其实还有很多处于中间地带的需求，这些需求需要通过用户群体的特性或者产品成本的限制去筛选。在用户特性方面产品经理需要考虑两个因素：一个是完善核心目标用户的需求，从而增加其对产品的满意度；另外一个是增加次级目标用户的需求，从而扩大用户的覆盖范围。前者适合做精品、爆品，大型企业一般多采用这种风格；后者则多出现在风口产品上，很多不知名的小型企业喜欢这样做。

功能完整度是指为了产品的用户体验或使其安全稳定地运行，同一个需求需要同时具备多种实现方式，从而提升使用方式的灵活性、多样性或提升产品处理异常情况的能力。在介绍卡诺模型时我们提到了一个软件产品的例子，这里我们再来说一个硬件产品的例子。传感器在大部分使用场景中都不希望使用有线供电，所以多采用电池供电，那么在这种情况下是否还值得保留有线供电方式呢？针对这个问题考虑的因素就比较多了，如电池能使用多久、是 B 端用户多还是 C 端用户多（B 端用户不容易接受频繁的维护）、保留有线供电的成本等。最后产品经理决定，产品在功耗控制得比较好的场景中可以采用电池供电，但是如果在功耗控制得不好的场景中还是要依靠有线供电的方式。该产品的 B 端用户居多，需要考虑在某些场景中产品的维护成本及在不同场景中产品的通用性和可用性，所以这个案例中的传感器最后选择的是保留有线供电的方式。如果这个产品的 C 端用户居多，就不用保留有线供电的方式了。

产品性能是指一个产品的各项指标，如产品的待机性能、老化性能、使用寿命等。产品性能的好坏一方面会影响产品的用户体验和竞争力，另一方面会直接影响产品的成本。一个电子产品，它的供电电压是一个固定的电压值（如 3.6V）还是一个电压范围（如 3V~12V）？固定的电压可以省去变压 IC 或降低变压 IC 的性能，而可变动的电压则需要产品具备或提高变压 IC 的性能，后者比前者的成本必然要高。产品使用寿命的长短同样影响成本，如想要产品的使用寿命达到 5~10 年甚至更长的时间，那么产品的壳体物料及电子元器件都要选择工控级别的而非商用级别的，工控级别的元器件在成本上会大大高于商用级别的元器件。在有些时候成本高也是有价值的，如在供电方面宽电压虽然会增加成本，但也会提高电源适配器的通用性，降低产品对电源使用的限制条件。产品的寿命本身也可以当作产品的一个卖点而提升其价值，所以产品性能和成本的高低需要结合具体的价值和场景来权衡、取舍。

3.6 硬件方案设计

在 3.5 节中，我们主要介绍了一个产品需要满足用户的需求，以及多种需求的权衡问题，也就是做什么的问题。这一节我们主要介绍在产品设计中，产品经理需要考虑的各方面问题，也就是怎么做的问题。

从机械类产品到电子类产品，再到现在的联网类产品，硬件产品越来越复杂，涉及各领域的技术和知识也越来越多，所以硬件产品经理的知识面也需要越来越广。在写此节时，笔者原本想把做物联网类硬件产品从硬件到固件再到后台服务器等各方面的内容完整地写出来，但是由于一些问题无法做到一一详细介绍，所以本节就主要以硬件为主和大家聊一下方案设计。

3.6.1 硬件介绍

物联网硬件是实体的硬件产品，具备电子化的系统和联网能力，可以实现数据的采集和设备的控制，从而满足用户对于信息获取和设备控制等方面的需求。物联网设备包括硬件和软件两部分，硬件部分主要承载系统程序的运行及信息的采集和指令的执行等。硬件系统中的一些模块如图 3-9 所示。

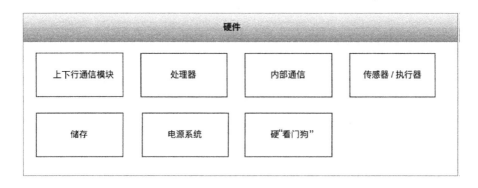

图 3-9

① 上下行通信模块。在整个系统中，上行通信通常是对上级或外部的通信方式，下行通信一般是对下级或内部的通信方式。以物联网设备为例，通常运用 5G、4G、3G、Wi-Fi、ZigBee、蓝牙、LoRa 等通信技术进行上行通信，通信模块上行会连接各种通信技术的网关/基站。下行通信则以连接硬件设备内部处理器的方式进行通信，从而实现硬件设备与云端服务器的互通互连。

② 处理器。处理器就像人的大脑一样指挥着整个系统的运行，它的内部可以运行各种程序，外部具备各种接口。处理器内部的程序可以通过调用各种接口控制不同的元器件，从而实现数据的采集和设备的控制。在物联网设备中大多数程序都比较简单，使用最多的就是各种单片机处理器，有些程序复杂的设备也会使用 CPU 处理器。

③ 内部通信。内部通信是指设备内部元器件之间的通信，有模拟信号通信和数字信号通信两种。传感器或控制器最原始的收发信号都是模拟信号，一般模拟信号都会转换成数字信号后再与其他元器件进行通信交互。数字信号传输中有很多类型的接口协议，如 TTL、RS-232、RS-485、SATA、IIC、SPI、UART 等，这些不同的接口统称为串口，它们是硬件选型和设计中的一个重要组成部分。

④ 传感器/执行器。传感器和执行器分别是现实世界中的数据采集者和控制者，他们既可以采集环境中各种实体、非实体的数据，也可以通过一些设备对现实世界

中的实体和非实体进行交互和控制。绝大多数的物联网设备都是以它们为基础的，在此基础上加上通信模块，使物联网设备可以互联互通，从而实现产品的价值。

⑤ 储存。在硬件设备中，用于储存数据的是 Flash，它们的储存空间很小，从几 KB 到几十 MB 不等，主要用于缓存一些数据或存储一些程序代码。

⑥ 电源系统。电源系统是指外部电源输入硬件内部时的变压整流的系统，这个系统根据不同元器件的需求把外部电源转换成不同的电压和电流供其使用。

⑦ 硬"看门狗"。很多电子设备都是在无人值守的环境中运行的，因此就需要设备在无人干涉的情况下保持 24 小时不间断地运行。但程序并不能保证一直都处于正常工作状态而不出任何错误，如死机等情况，所以就需要一种方案保证即便设备死机，也可以自动重启、恢复工作。这种方案就叫"看门狗"。硬"看门狗"是一个独立的元器件，它的内部是一个计时器，当计时器归零时就会触发一个强制重启的信号给处理器，从而达到重启设备的目的。处理器或系统在正常工作时会每隔一段时间给"看门狗"一个信号使其重置计时器，这样"看门狗"就不会触发强制重启的信号。如果处理器或程序出现问题，没能按时给"看门狗"重置计时器的信号，"看门狗"就会触发强制重启的信号给处理器，使设备重新启动。

3.6.2 核心元器件

一个产品中的元器件有成百上千个。作为产品经理，我们不应该去关注所有元器件的选型，一方面是因为产品经理没有足够的专业知识，另一方面是因为产品经理也没有足够的精力，所以我们应该懂得取舍，把专业的事情交给专业的人来做。产品经理应该重点关注的是那些核心的元器件，那判断核心元器件的标准是什么呢？一是影响产品目标或性能的元器件，如一个摄像机的传感器和镜头，传感器的好坏影响图像色彩的效果和大小，而镜头则会影响图像的成像畸变和视角大小。这两点是一个摄像机最重要的性能指标，因此产品经理需要十分了解这类元器件，并主导这类元器件的选型。二是和成本关系较大的元器件，因为成本是一个产品定位和成败的关键因素之一。例如，使用电池供电的设备，不同类型的电池或其容量的大小对于产品的成本影响很大。在选择电池时，我们要根据成本和产品的性能要求做权衡，有时可以用大电池当作产品的卖点，有时则需要降低电池的性能以节省成本，具体的抉择要根据实际情况而定。这种需要权衡的事情不能交给工程师等人员来做，很多事情的抉择都是要综合各种因素去判断的，因此这些核心元器件的选型一定要经过产品经理的评估和确定，但是对于那些类似电阻、电容等对产品性能和成本影响不太大的元器件则可以放心地交给工程师去选择和确认。

不同的设备中可被称为核心元器件的部件也不同，下面是根据不同设备类型总结的一些需要被作为核心元器件去考虑的部件，这里的举例虽然并不完整，但还是具有一定的参考价值的，如图 3-10 所示。在做产品时，产品经理需要根据实际情况去判断哪些元器件应该重点分析选型。

元器件选型主要是通过元器件的性能指标来判断的，不同元器件的性能指标也是不同的。分析一个元器件首先要确认的就是这个元器件具备哪些性能指标，以及对应的性能指标是什么意思，在应用时会有什么影响。这里我们以电池为例看一下电池的性能指标有哪些。这些性能指标可以从相关的产品说明书中获取，当然也可以从曾经使用过产品的朋友那里获取。产品说明书中的数据都是理论值，在实际使用中一般不能达到相应的性能，而从曾经使用过产品的人那里获取的信息一般都是实际使用过程中的真实体验，这种真实体验相对更加贴近部件实际的性能。不过需要注意的是，不同的产品、不同的使用场景对部件性能的影响也不同。

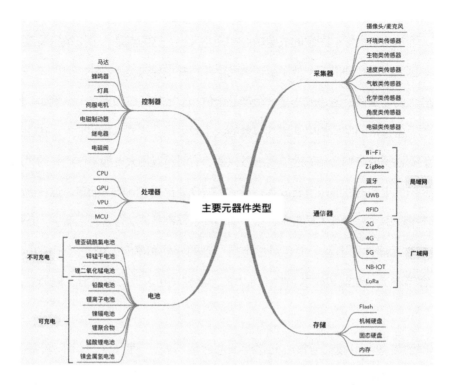

图 3-10

① 是否可充电。是否可充电是电池基本的特性区别，一般手持设备、用户容易接触到的设备及高功耗的设备都会采用可充电电池，一方面是因为产品便于充电，另一方面是因为使用不可充电的电池成本过高。目前很多的物联网传感器一般都使用不可充电的电池，因为这些设备通常在无人值守的情况下运行且待机时间较长。

② 电池能量密度。电池能量密度是指电池在一定体积下的存电容量，能量密度越高，相同体积下电池的容量越大。这个特性对穿戴类或其他微型设备比较重要。

③ 电池自放电率。电池自放电率是指电池在没有负载的情况下本身的电量流失，可充电电池的自放电率一般都很高，每月 10%以上的自放电率都是正常的。不可充电电池的自放电率则是很低的，每年也就百分之几。例如，锂亚电池的年自放电率可以控制在 2%左右，而那些可充电电池的年自放电率可达到 100%。正因为电池具有自放电的特性，如今很多的传感器都采用一次性电池，所以才能实现数十年的待机寿命。如果采用可充电电池，那么即便其他元器件不耗电，自放电的特性都会在几个月内把电

池的电量耗光。

④ 电池放电曲线。电池放电曲线是指在一定负载下电池连续放电的电压变化，理想的放电曲线是呈直角的，也就是在电池内部的电量接近放光时电压也可以持续稳定在一定的范围内。不理想的放电曲线，其趋势是逐步下降的，这样就会导致低于元器件所需电压的电量无法使用而造成电量的浪费。

⑤ 实际可用电量。因为电池受环境影响、自放电影响及放电压降的影响导致一部分电量无法被使用，所以在选择电池时需要评估其实际可用的电量。一般可用容量=标称容量−可用电压下的容量−（自放电率×使用时长）进行估算。这种评估方法虽然得出来的也是理论值，但是比电池的标称容量更加贴近实际情况。

在收集元器件资料时主要有三个渠道。第一个是直接从官网下载产品的说明书等元器件资料，这种方式最便捷，不过有些官网上的资料并不齐全或不是最新的；第二个是在各大元器件经销平台上查找相关资料，这些平台上一般都会有所售元器件的说明书，如立创商城、泽贸电子、安富利电子、得捷电子、云汉芯城等平台；第三个是直接找厂商的销售和技术支持人员索要，通过这种方式一般都能要到最新、最全的资料，不过缺点也比较明显，那就是需要付出较多的沟通成本。

3.6.3　电源系统

在一个电子产品中，供电系统是其最基本的系统之一，供电系统分为两部分，一部分是电源供给部分，另一部分是根据元器件供电需求对电源进行处理的部分，如图 3-11 所示。

电源供给部分包括电池供电和有线供电，这两种供电方式既可以单独使用也可以同时使用。在使用不可充电电池时一般不会同时使用有线供电的方式，但是在使用可充电电池时一般都会支持有线供电。在给电池充电时需要增加充电管理的 IC 和相应的电路，用于检测电池的电量和温度，通过对充电的电流、电压的控制实现自动充电并保障电池的使用寿命及电池使用的安全性。这两种不同的供电方式对电子设备的电源管理系统的复杂度和成本也有很大的影响，除此之外，电源输入的电压和电流的大小对于设备内部的电源处理也有影响。假设设备内部需要的电压是 3V 和 5V、稳定电流是 40mA、瞬时最大电流是 405mA，那么我们就需要考虑以下几个问题该如何处理。

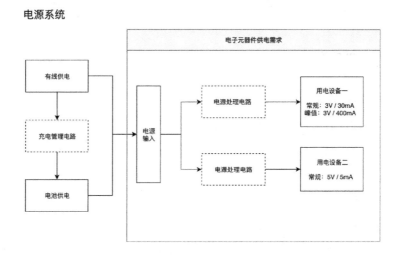

图 3-11

① 宽电压性能。有线供电是否需要支持宽电源输入（指可接受的电压浮动范围，如元器件需要的电压是 3V~5V，但是设备可以支持 3V~12V 的电压输入）。支持宽电压的好处是方便后期的电源选择，且可以接受一些电压的不稳定波动。坏处是需要提高设备内相应电源处理元器件的性能，同时也就会增加设备的成本。

② 电池电压的处理。例如，一个元器件使用的是 5V 的电压，但是市面上找不到直接输出 5V 电压的电池，一般都是 3.6V 或 9V 的电池。这里我们就需要考虑是使用 9V 的电池进行降压处理，还是使用两个 3.6V 的电池串联成 7.2V 的电源再进行降压处理，这两种方案各有优劣，如 9V 的电池型号少且不便于采购和安装。

③ 电池输出电流。与有线供电相比，电池输出的电流一般不高，通常是几十 mA，

但是有的元器件瞬时最大电流的需求就有几百 mA 甚至更高，这时我们就需要考虑是采用电流输出大的电池（电流输出大的电池在相同价格下电池容量会降低）还是使用电容（电容可以存储电，然后在短时间内输出大的电流）来处理这种问题。前者会对电池的选型有限制，后者则没有这样的限制，除此之外我们还需要考虑不同方案的成本。

电源处理部分是根据不同元器件对供电电压、电流的要求进行处理，从而满足元器件的供电需求。例如，用电设备的瞬时电流特别高，那就可能需要增加电容来解决这个问题。在一个设备中如果各种元器件的工作电压和所需瞬时电流都不同，那么需要针对不同的元器件对电源进行处理，反之则可以尽量减少电源处理的电路。电源处理的电路越多，产品的成本、复杂度、故障率就越高，所以在选择元器件的时候应尽量选择电压相同的元器件，这样可以有效降低电路复杂度和成本。

3.6.4　通信系统

通信系统是现在的电子设备必不可少的一部分。通信系统可以分为两部分（见图 3-12）：一部分是设备与外界通信的外部通信部分，一般采用的是无线通信的方式；另一部分是设备内部各元器件的通信部分，一般采用的是有线的串口通信（数字信号），除了串口的数字信号，也有一些模拟信号的通信方式。

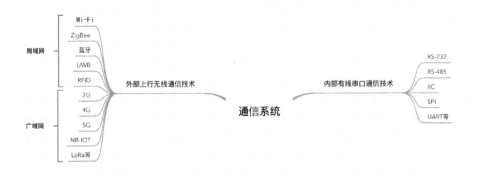

图 3-12

对于内部元器件的通信部分，产品经理一般不会重点关注，将其交给电子工程师即可，电子工程师主要考虑通信速率、应答机制等方面的分析选择。绝大多数情况是选择的核心元器件支持什么方式就用什么方式，产品经理考虑各种元器件通信方式的统一性即可，如果各个元器件不能实现互通则需要增加通信方式转换的元器件来解决问题。

外部通信由于受到通信速率、通信机制、覆盖范围、通信频段、通信架构、使用功耗及产品的应用场景等多方面因素的影响，所以在选择时比较复杂。不同的通信技术对产品的性能、成本、集成性、扩展性都有着很大的影响，因此产品外部通信技术的选择就成了产品经理需要着重关心的事情。在选择通信技术时，我们不仅要考虑技术本身的性能，还要考虑政策、运营商等多方面因素的影响。通信技术的选择分析和其他元器件选择的思路一样，都是通过获取不同技术的各种性能指标去分析，在选择时需要根据自己的需求选择最适合的技术。下面我们就从通信技术的性能指标及其应用场景的分析来为大家介绍各种通信技术。

（1）通信技术总览

根据各类通信技术的应用和特点，我简单做了如下划分，如图 3-13 所示。

图 3-13

ZigBee、蓝牙、RFID、Wi-Fi、UWB 这几类技术都属于短距离的通信技术，并且都可以利用其搭建私有网络（搭建私有网络是为了支持多设备协同边缘计算的需求），其中 Wi-Fi、UWB 和蓝牙都属于具备较大通信速率的技术，可用于音视频或图片的传输。ZigBee 和 RFID 相比，通信速率就要小很多，不过它们各有优势，我们后面会详细说明。

4G、NB-IOT、LoRa、ZETA、Sub-1GHz（Sub-1GHz 泛指 1GHz 以下的通信）这几类技术算是传输距离相对较远的广域网技术，其中 4G 和 NB-IOT 都属于运营商网络，也就是搭建这种网络需要相关牌照，当然对于用户来说，使用运营商网络也是需要付费的。同时因为其不支持搭建私有网络，因此也就无法通过私有网络实现多终端协同的边缘计算了。

LoRa、Sub-1GHz、ZETA 这类广域低频的通信技术比较适合物联网的通信场景，企业可以搭建自己的私有网络，并且不用申请相关牌照即可使用。

（2）物联网通信技术选型考量因素

下面我们介绍一下选择通信技术时需要考量的几个因素。先给大家提供一些有关物联网通信技术的相关技术参数供大家参考，如表 3-2 所示。

① 覆盖范围。

覆盖范围是指节点（终端）和网关（基站）的有效通信范围，是衡量通信技术的一个重要指标。物联网通常具备数据量小、设备数量多、分布零散等特点，因此覆盖范围便是很重要的一个因素。覆盖范围越大需要的基站数量也就越少，同时基站和布设的成本及难度也会大大降低。大家可以计算一下，假设一个蓝牙基站的成本约为 300 元，它可以覆盖 50 米的范围，一个 LoRa 基站的成本约为 5000 元，它可以覆盖 3000 米的范围，那么如果想覆盖 3000 米的范围需要使用多少蓝牙基站呢？布设成本又是多少？（注：这仅仅是从覆盖范围做的假设，在现实中不会只考虑这一个因素。）

表 3-2　物联网通信技术的相关技术参数

通信技术	通信频段	理论最高速率传输速率	覆盖范围	连接设备数量	网络拓扑架构	网络部署方式	功耗	应用领域	连接方式
LoRa	中国 470MHz~510MHz	0.3Kbit/s~50Kbit/s	城市 1km，郊区 约2km~20km	单信道 约2673个	星形拓扑	网关+节点	极低	户外场景，LPWAN，大面积传感器应用，可搭建私有网络，用于蜂窝网络覆盖不到的地方	单跳
NB-IOT	授权频段	160Kbit/s~250Kbit/s，受串口速率、网络环境等影响，实际传输速率一般小于100Kbit/s	可达十几千米，一般情况下可达10km以上	约20万个	星形拓扑	现有蜂窝组网+节点网关	极低	户外场景，LPWAN，大面积传感器应用	单跳
ZigBee	2.4GHz，868MHz，915MHz	250Kbit/s (2.4GHz)，40Kbit/s (915kHz)，20Kbit/s (868kHz)	短距离 (10m~100m)	理论上6万多个，一般情况下200~500个	星状网，簇状网、网状网	网关+中继节点	低	常见于户内场景，户外有时也可用到LPWAN小范围传感器应用，可搭建私有网络	单跳、多跳，自组网
蓝牙	2.4GHz	1Mbit/s~24Mbit/s	10m~20m	8个	微微网/散射网	网关+节点/节点对节点	中等	设备间的 Adhoc 网络、无线音频、屏幕图像和图片等文件的传输	单跳、多跳
ZETA	2kHz	600bit/s~800bit/s	十几千米	受限于通信速率	星状网	网关+中继节点	极低	低数据量、分布稀疏、数据上云困难	单跳、多跳，自组网

表 3-3 覆盖范围

	LoRa	NB-IOT	ZETA	Sub-1Ghz	4G	ZigBee	蓝牙
覆盖范围	2km～20km	10km～20km	10km～20km	10km～20km	1km～3km	10m～100m	10m～20m

从表 3-2 中可以看出，在覆盖范围上，LoRa、NB-IOT、ZETA 的最大覆盖范围都在 10km 以上，ZigBee 和蓝牙的覆盖范围都是在 100m 以内。如果覆盖范围广是硬性指标，那么就不用考虑后面两种了。通常情况下，通信频段越低，其覆盖范围越大，这里主要是因为频段越低，信号在空气和物体中传播时越不易衰减。

② 通信速率。

通信速率是节点或网关在一定时间内可以传输数据的数量。假设一个网关的通信速率是 10Kbit/s（1280 字节秒），一个传感器的一次数据是 8 字节。也就是说这个节点或网关最多每秒可以收发 1280 字节/8 字节=160 个传感器的数据。当然这只是理论值，实际会因避免数据冲突及数据下发等因素的影响而减少数据量。通信速率和网关的信道数量有关，信道越多速率越高。表 3-4 所示为各类通信技术的传输速率。

表 3-4 通信速率

	LoRa	NB-IOT	ZETA	4G	ZigBee	蓝牙
通信速率	0.3Kbit/s	约 100Kbit/s	600bit/s～800bit/s	20Mbit/s～100Mbit/s	20Kbit/s～250Kbit/s	1Mbit/s～24Mbit/s

一般来说，通信速率越高越好，不过在物联网行业中没有特别大的数据量，因此在考虑通信速率时主要考虑在一个区域内有多少设备、会产生多大的并发数据量、什么通信技术的网关可以承载这些数量，以此选择适合的通信技术并预留一些空间即可。

③ 通信频段。

频段指的是电磁波的频率范围，单位为 Hz，我们常说的 2.4GWi-Fi 或 5GWi-Fi 其实指的就是频段。无线电的频段有免授权和授权两种类型，如 Wi-Fi 用的 2.4G、5G 和 LoRa 在中国使用的 470MHz～510MHz 等都是免授权频段，因此我们可以直接免费使用。还有一些频段是受国家管制的，需要向国家申请后才可使用。因此，我们选择频段的时候需要考虑频段是否需要授权，如果是非授权频段也要考虑频段是否拥挤，以及如何处理同频段干扰等问题。

无线电的频段越高，其数据的传输速率也就越高，功耗也就随之增加。在物联网行业中，很多设备通常数据量小、使用电池供电，所以需要设备尽可能降低功耗，像 Wi-Fi 这种高功耗的通信技术的使用场景就非常有限了，通常只会用在小范围内的有源设备上。

④ 运营商网络和私有网络。

运营商网络是指联通、移动、电信等公司搭建的通信网络，这类网络的网关是运营商搭建的，因此不能通过此类网络实现本地设备的局域网通信，也无法实现本地多数据源的边缘计算。运营商网络覆盖范围大、信号稳定、用户接入后即可使用，当然用户需要支付通信费用。

在图 3-13 中除了 4G、NB-IOT 是运营商网络，LoRa、Wi-Fi、ZigBee、蓝牙、ZETA、RFID 等技术都可以搭建私有的局域网络。这类网络需要用户建造网关组网，相对运营商网络而言，这类网络不需要通信费用，也可以利用其局域网特性实现本地多数据源的边缘计算。但是基站布设和维护的成本高，所以产品经理需要根据业务场景考虑使用什么类型的网络更加合适。

例如，共享单车这类数据量小、设备分散且不固定的应用场景，使用运营商网络是最适合的，但如果是场地固定、设备集中、数据量大或大量数据需要边缘计算的场景，那么搭建私有网络是比较合适的，这样会省去很多通信费用，并且数据的响应速度也会比较快。

⑤ 功耗。

功耗是在物联网行业中一直要做权衡的问题，除上面说的频段越高传输速率越大、能耗越高之外，还有一个影响功耗的因素就是通信协议。例如，**Wi-Fi** 的通信协议相对比较复杂，因此会比较费电；而 **LoRa、ZigBee、NB-IOT** 这类技术的通信协议简单且报文长度短，具备多种工作模式，我们可以根据应用场景调整工作模式从而实现降低功耗的目的。

⑥ 连接方式。

如图 3-14 所示，单跳通信方式是节点——网关——云端，也就是说节点的数据通过网关直接上云，不可以在网关之间进行路由转发。运用这种方式，单个网关的信号范围就是其可以使用的范围，如果想覆盖更广的范围则只能增加网关，但是每个网关需要连接以太网进行数据上云，因此网关的联网成本和复杂度较高，在网关布设的地方需要同时具备电源和网络覆盖。

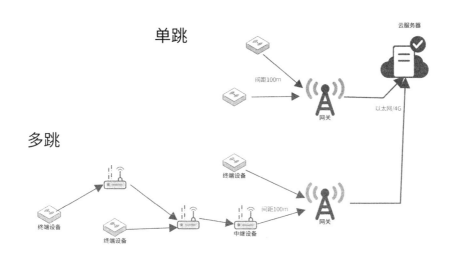

图 3-14

多跳通信方式是节点——中继设备——网关——云端的架构，也就是说数据可以在中继设备和网关之间做路由跳转，最后通过一个网关将多个中继设备终端的数据上云。这种多跳通信方式可以通过增加中继设备，从而覆盖更广的范围，并且只需要一个网关具备数据上云能力。这样的话那些中继设备只需要有电源供应即可，其至可以使用电池供电，这样布设成本和布设难度将大大降低。这种方式最适合范围广、数据量小的应用场景，如高压线路的通信，因为一般高压电基站都是在空旷的田野或山区中架设，联网相对比较麻烦，通过多跳通信，只要一个网关能联网上云就可以使很多网关的数据上云。

LoRa 等通信都属于单跳通信，ZETA、ZigBee、Wi-Fi、蓝牙等通信属于多跳通信。在使用多跳通信方式的时候需要注意的是上云网关通信速率的大小直接限制了通过它上云的设备的总通信速率的大小。

（3）常见物联网通信技术详解

通信技术有很多，下面我选几个在物联网行业中比较适用的技术和大家详细分析其特点和适用场景。

① LoRa 是一种远距离的调制技术，由法国的 Cycleo 公司研发，后来被美国的 Semtech（升特）收购。LoRa 的特点是具备较长的传输距离，它是基于线性扩频（CSS）的一个变种，具备向前纠错（FEC）的能力，同时具备较高的接收灵敏度和较强的抗噪声能力。在国内，LoRa 运行在免费的频段 470MHz~510MHz 之间。

LoRaWAN 是基于 LoRa 的一种通信协议，与 LoRa 相比，它除了包含物理层的定义还包含了数据链路层的定义，LoRa 可以通过扩频因子（SF）调节通信速率和距离，扩频因子越大，传输速率就越小，但传输距离就会越长。这就好比相同油量的运输工具摩托车可以跑得快、跑得远，但是载重很小，而货车就可以装载很多东西，但是跑得就会比较慢且距离很短。因此在设置扩频因子时，产品经理就需要根据数据量和传输距离做相应的取舍。

在不考虑协议开销等因素的情况下，LoRaWAN 的单通道实际速率大约为 0.3Kbit/s~11Kbit/s，目前国内常用的终端芯片有 SX1276 和 SX1278 两种，网关芯片有 SX1255、SX1301、SX1308 等型号。其拓扑结构是星形拓扑，即每个网关通过网络将数据传输到中央服务器，节点会将数据同时发送至多个网关，由中央服务器进行冗余检测和其他处理。其网关容量主要取决于数据并发的大小。

LoRaWAN 具有 A 类、B 类、C 类通信方式，下面我来为大家详细介绍一下。

- 终端双向通信（A 类）。节点随时可以发送信息给网关，节点发送信息后会
  打开两个持续时间很短的接收窗口用于接收网关的下行数据，通过这种方式
  实现上下行的通信。通过这种方式，节点会在需要时随时发送信息给网关，
  并不会与网关沟通确认发送信息的时机。这种方式的优点是通信逻辑简单，
  不会因为与网关确定数据上报时间而增加通信次数导致电量的消耗，但这种
  方式会遇到数据碰撞的问题。此类方式适用于仅做数据上报、不需要精准地
  执行指令的操作，对电量消耗比较敏感，且能接受一定数量的数据丢失的传
  感器，适用于电池供电设备。
- 具备特定时间接收窗口的双向通信（B 类）。B 类方式在 A 类方式的基础上
  增加了更多的接收窗口，用于接收数据，B 类方式通过接收网关发来的信标
  完成时间同步，基于时间同步，按照预先设定的时间开启更多的接收窗口，
  网关通过开启的窗口时间就可以主动给节点发送数据了。这种方式适用于除
  主动的发送数据之外还需要在特定的时间接收下发的指令。
- 最大接收窗口通信（C 类）。C 类方式除了在发送数据时，其他时间接收窗
  口是一直处于开启状态的。这种方式功耗最大，不过服务器可以随时下发数
  据，数据延迟时间最短。通常这种方式适用于有源设备或随时需要接收数据
  和指令的执行器。

综合上面的信息可以得知，LoRa 是一种覆盖范围广（无遮挡十几千米，有遮挡
几千米）、功耗低、传输速率在十几 Kbit/s、拥有可搭建私有网络的通信技术，结合
这些特点我们可以分析出 LoRa 大多是应用在那些数据量小、设备所在区域较广、需
要搭建私有网络的场景中，如农业监控、环境数据采集、市政设备状态的上报等。

影响功耗的因素有很多，如通信类型、扩频因子、数据大小、通信间隔、电池
容量、传感器本身耗电等，之前我看过很多文章说 LoRa 可以使用××年，但是文章

中只字不提以上影响待机时长的参数，这种没有参考意义的数据价值并不大。如表 3-5 所示的功耗参数是某个实际项目中的数值，虽然缺乏通信模式、扩频因子、数据间隔及传感器本身耗电等相关信息，但还是具有一定参考价值的。

表 3-5 LoRa 功耗

传感器类型	上报间隔	电池容量	使用时长
温湿度传感器	20s/次	1900mAh（型号：ER34615H）	4～5 个月

② NB-IOT 是一种低功耗、覆盖范围广的物联网通信技术，它构建于现有的蜂窝网络基础之上，占用 200kHz 频段。只要开辟出 200kHz 频段，NB-IOT 即可直接部署在 GSM 网络、UMTS 网络和 LTE 网上。

例如，联通和移动分别部署在 900MHz 频段和 1800MHz 频段，电信部署在 800MHz 频段。它们的传输速率大于 160Kbit/s，小于 250Kbit/s，采用双半工模式进行传输，通信覆盖范围与 LoRa 基本无异，郊区可达到十几千米，市区可达几千米。它们在通信协议上做了优化，减少了不必要的通信数据，同时采用休眠机制节省电量消耗，从而降低功耗。NB-IOT 属于授权频段，无法搭建私有网络，因此笔者也没有细致地去了解其功耗和实际通信速率。

由于 NB-IOT 可部署在现有的蜂窝网络上，所以目前一二线城市基本全部覆盖。NB-IOT 适用于数据量小、要求低功耗、设备区域较广、设备移动性强的场景。

③ ZETA 是上海纵行推出的非授权频段的 LPWAN（低功耗广域网）标准。该标准使用 UNB（超窄带）多信道通信，在传统 LPWAN 的穿透性能基础上，进一步通过分布式接入机制实现快速部署。网上关于 ZETA 的资料比较少，笔者通过实地走访，了解到其特点是使用超低频率的频段，除了低功耗，其在通信协议上有点类似 LoRa 和 ZigBee 的结合，可以实现多跳自组网，以及分配确认通信时间等机制，中继设备可以通过电池供电连续工作超过一年。

以上介绍的是广域网的物联网通信技术，下面我们来看看局域网的通信技术。

④ Wi-Fi、蓝牙都是常见的局域网通信技术，在物联网方面也多有应用，由于这

两种技术比较常见，我就不多说了，我们主要看看 ZigBee 在物联网通信方案中的应用及其特点。

ZigBee 是基于 IEEE802.15.4 协议的低功耗、短距离的无线通信技术，它主要运行在 2.4GHz、868MHz 和 915MHz 频段上，通信速率是 250Kbit/s、20Kbit/s 和 40Kbit/s。其接入设备量理论上可以达到 6 万多个设备（实际接入设备量受通信速率的限制），常规通信覆盖范围约为 20 米。作为物联网通信技术，其同样具备低功耗的特点，在低耗电待机模式下，两节普通 5 号干电池（5000mAh~6000mAh）可使用 6 个月以上（此参数仅作为参考，未获取各种影响功耗的详细条件）。

ZigBee 使用的是免费授权频段，可以搭建私有网络。同时它还支持多跳通信，也就是一个设备既可接收数据也可以转发数据，这样就可以通过多跳的方式利用中继设备将数据转发到可以上云的网关；在信号较弱的地方可通过增加中继设备来提高覆盖面积和信号强度，而不需要增加可以将数据上云的网关。

除了上述特点，ZigBee 还具备双向确认的特点。受控设备接收到指令后会反馈执行结果给控制设备（类似 MQTT 协议），同样控制设备发出指令后也会监控是否收到反馈信号，如果没有收到反馈信号则意味着数据发生碰撞，控制设备会重新发送指令以达到指令的绝对执行。这一特点对控制类设备来说是非常有用的。

听说在小米内部有一种说法是"有源设备用 Wi-Fi，无源设备用蓝牙"，不过目前小米和云丁也都使用 ZigBee。我想，正是因为 ZigBee 的功耗低，其安全稳定的通信协议完全可以满足家庭类监控设备和执行设备的通信要求，同时还可以通过中继设备解决多房间的信号盲区并且可以搭建私有网络，小米和云丁才会用它。尤其是低功耗和可搭建私有网络，不知道小米会不会在小爱同学上添加 ZigBee 模块，让其可以实现指令的本地储存和执行。毕竟网络的异常还是比较常见的，如果这些指令可以实现本地处理和执行，那么对于物联网设备的稳定运行也是十分重要的。

（4）通信技术总结

LoRa、ZETA、Sub-1Ghz：适用于大项目、大区域、设备数量多、数据量小、

设备固定的场景。例如，城市中的设备状态监控、环境监控、远程控制，或者农业环境中的设备监控和控制，以及需要搭建私有网络的应用场景。LoRa 在协议、规范、生态方面都比较成熟，适合大部分企业使用。ZETA 还在成长期，在协议上有一些优势，但整体生态不太丰富，成熟方案不太多。使用 Sub-1Ghz 需要自己开发通信协议，工作量较大，扩展到其他品牌的设备比较困难，因此一般公司不会用它。

NB-IOT：适用于移动性强、设备分散、设备数量大、数据量小、设备独立、无须多设备协同的运行场景。例如，移动物品或车辆的监控和控制，对精度要求不高的定位，城市中的设备状态监控、环境监控、远程控制等场景。三大运营商在一二线城市都已经铺设 NB-IOT，在生态和方案方面都比较成熟，没有搭建基站的烦恼和费用，不过需要和手机一样支付通信流量费。

4G：适用于大数据量、功耗不敏感、移动性强、使用地区偏远的场景。例如，车辆的通信定位、铁塔的监控和控制、无其他物联网通信覆盖的区域、设备数量少、不值得搭建网关的一些场地。

ZigBee、蓝牙、Wi-Fi：适用于小区域、数据量稍大、设备固定、设备数量少、需要多设备联动运行的场景。例如，智能家居、独立小商铺等小区域场景。ZigBee 是比较适合上述场景的，其功耗、通信速率合适、协议完善且运行稳定、接入量大，可通过多跳覆盖中型场所。蓝牙方案成熟，不过功耗稍高，保持长链接数量太少。Wi-Fi 功耗太大，在无源设备上基本无法使用，但通信速率很高。

不同的场景和需求使用不同的通信技术，产品经理在选择的时候可以先列出硬性指标，然后在这个范围内做有限的调研和选择。例如，我有一个项目在选择通信技术时的两个硬性指标是覆盖范围广、可搭建私有网络，所以 NB-IOT、ZigBee 就直接被淘汰了。

3.6.5　性能指标和认证标准

在做产品方案设计时，我们会有很多性能指标需要考量，那么到底应该做到什么程度最合适？在做任何产品时，我们都不应该去追求绝对的完美或最高的性能，因为对于用户来说，绝对完美的产品并不一定能带来与成本相符的价值，因此给产品各方面性能定指标时我们都会给自己一个约束因素，这个因素可能是成本、寿命，也可能是产品要实现的目标。通过这个约束来综合各种情况去确定各种性能的指标。除了自己制定性能指标，我们还可以参考各种认证体系的标准去制定性能指标，根据认证标准给产品性能定指标，这也有益于产品后期做相关的认证。

在产品规划之初，产品经理就应该对产品的成本有一个基本的预估，产品中各种性能指标的制定可以根据预期的成本来权衡，当产品的成本超出预估的成本时我们自然而然就会从各种元器件性能或产品功能上下功夫，从而通过平衡一些性能来控制成本。

从产品寿命角度来说也是同样的道理，假设产品的设计寿命是 3 年，那么在元器件性能的指标上就不用要求过高以免造成性能过剩和成本的浪费。如果产品的设计寿命是 10 年，那么元器件的性能就要大大提高，以满足产品设计寿命的要求。

产品目标是一个产品在设计之初要解决的核心问题，在制定产品性能指标时最基本的底线就是要满足产品目标的需求，在此基础之上可以根据成本的富余度等情况考虑提升一些产品性能。提升哪些性能指标取决于哪些性能指标在市场宣传、用户体验方面能起到明显的作用，毕竟低成本本身就是一种优势，所以不要把钱用在无法产生价值的地方。

认证标准是指国家、行业对某些设备在性能、安全性等方面的统一标准。产品要通过这些认证首先需要通过检验，因此这些标准也是我们制定产品性能指标的一个可靠依据。有些产品，国家会强制要求其符合相应的认证标准后才能上市销售，所以在做产品时产品经理也应确认自己做的产品品类是否需要满足某些标准，如果需要的话，那么用相应的标准来制定产品性能的指标也是一种科学合理的方式。

如图 3-15 所示，我整理了一些通用的性能指标，并对指标进行了简要介绍。由于不同产品的性能指标不同，所以这里无法全面地整理出来。

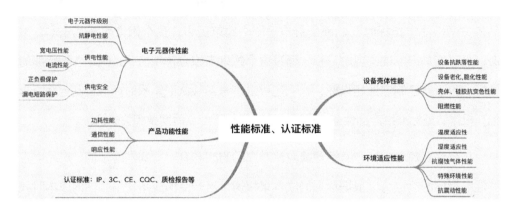

图 3-15

① 电子元器件级别。电子元器件可以分为民用级、工业级、军工级三种，这三种电子元器件的区别主要是在参数性能、稳定性和使用寿命上，我们见到的绝大多数产品使用的都是民用级的电子元器件，工业设备的工业级元器件在各方面都会比民用级别的电子元器件更好，军工级的电子元器件则比工业级的电子元器件更加具备领先性。

② 抗静电性能。在北方城市的冬天里静电如影随形。那些与人有接触的设备要具备一定的抗静电能力，否则很容易被静电击坏。产品的抗静电性能一方面是从元器件本身的抗静电能力来考虑，另一个很重要的方面就是电子元器件从壳体结构上应该尽量避免与外界的直接接触。

③ 宽电压性能。一些电源适配器的电压不稳定或者用户可能错误地使用不同电压的电源，因此产品经理就考虑是否需要让设备支持宽电压的输入。宽电压是指基于标称电压之外支持一定的电压浮动，如一个标称 5V 供电的设备实际在 3V~9V 的

电压范围内都能正常工作。

④ 电流性能。电流性能主要是针对一些除了自己本身用电还有可能给外接元器件供电的设备，如外接传感器、控制器等。针对这种设备，产品经理要考虑供电系统的电流是否能支撑设备的正常运行，我们常见的台式机就会因为增加显卡、风扇等部件而增加较大的电流，所以台式机电源的电流都需要具备一些余量。

⑤ 正负极保护。对于一些需要用户自己接电源线的设备，产品经理需要考虑正负极接反的问题，以及是否需要在电路层面做防护，使用户接反正负极后也不会导致设备损坏。

⑥ 漏电短路保护。针对一些高压电的设备需要做漏电保护，以防设备漏电带来危害。低电压设备漏电的情况虽然不会带来太大的危险，但是也可能会导致功耗增大或电池待机时间缩短等问题。

⑦ 温度适应性。针对不同的使用环境，设备对温度的适应性要求也不同。例如，在南方或夏天车内温度非常高的场景中，产品经理需要考虑产品的壳体、散热等问题；在严寒地区使用的产品，产品经理则需要考虑低温环境中的电池问题，以及壳体、硅胶脆化等问题。

⑧ 湿度适应性。针对湿度过高的场景产品经理需要考虑通过防潮胶等方式给PCBA 做防护，以免在潮湿环境中元器件损坏或 PCBA 爆裂。

⑨ 抗腐蚀气体性能。对于沿海城市或腐蚀性气体浓度高的地方，如洗手间、工厂等，产品经理需要考虑相关的处理措施，避免元器件的腐蚀。

⑩ 特殊环境适应性。针对一些特殊的环境，如水下、温差变化大、室外、暴晒、雨淋等需要有针对性地做处理，提升相关部件的性能指标。

⑪ 抗震动性能。抗震动性能分为两种：一种是抵抗运输时震动的性能，通常在产品包装上做防护处理；还有一种是在使用过程中的抗震动性能，主要在壳体结构的固定和元器件的固定方面做防护处理。一般的工厂都有相应的测试仪器可以进行

抗震性能的模拟测试。

⑫ 设备抗跌落性能。设备抗跌落性能是指设备跌落和受冲击而不损坏的性能，一般以固定的高度和跌落的接触面为性能的测试指标，如产品以 2 米高度跌落至瓷板砖 5 次而不出现散架、开裂等问题。

⑬ 壳体、硅胶抗变色性能。针对壳体和硅胶部件的变色问题，一般会要求在一定时间内产品各部分不能出现发黄等问题，通常这种问题较容易出现在硅胶材质的部件上。

⑭ 阻燃性能。在室内、大电流、大电压的设备或线路上应用的产品比较重视阻燃性能，阻燃性能有易燃性、火焰燃烧速度、耐火性、燃烧释放速度、生烟性、有毒气体等指标，在这方面也有相应的国家标准可以参考。

⑮ 功耗性能。功耗性能是指设备功耗的大小，尤其是由电池供电的物联网设备，对功耗的要求非常苛刻，对于几毫安甚至几微安的电流我们都需要去考虑是否有降低的空间。

⑯ 通信性能。不同的设备对通信的功耗、速率、距离等性能要求不一样，需要根据产品使用场景而定。

⑰ 响应性能。对于传感器等采集设备来说，响应时间是设备从被触发到信息上报的时间，对于受控设备来说，响应时间则是从设备收到指令到相应元器件执行的时间，这个时间会受到处理器、串口通信、采集/受控设备性能等多方面的影响。一般物联网设备对这个性能要求并不是特别严格，但是对于工控设备或无人驾驶等类别的产品来说就不一样了，这种产品往往要求具有较高的响应速度。

⑱ IP 认证。IP 认证是指电器设备外壳应对外部异物侵入的保护等级，"IP"后面的两位数字分别对应固体异物和液体异物，数字越大防护等级越高。

⑲ 3C 认证。3C 认证是中国的一种强制认证，只要在认证目录品类中的产品都需要经过认证才能上市销售。由于 3C 认证的影响力较大，目前即便不在认证目录里

面的很多产品也都会做 3C 认证，以提升产品的影响力。

⑳ CE 认证。CE 认证是产品进入欧洲市场必备的基本安全认证，代表产品对人和动物无害。

㉑ CQC认证。CQC认证是国内的一种非强制的质量安全认证，主要从安全、性能、电磁等多方面认证产品的安全性和可靠性。

㉒ 质检报告。质检报告是认证产品质量的一种报告，产品在各种电商和商超平台上架时需要出具质检报告，有些项目投标时也会要求具备此报告，算是必备的认证之一。

3.6.6　两化四性

前面我们主要说的是硬件产品方案中一些具体的部分，包括核心元器件的类型、通信系统、电源系统、性能指标等，下面我们来看一下硬件产品方案设计中的那些偏抽象的考虑因素。这些因素通常不会以实体的方式体现，但是在产品设计时却需要充分考虑。通过在工作中的实践和感受，我把这些因素总结成了"两化四性"。两化是指模块化、开放化，四性是指扩展性、通用性、稳定性和安全性，如图 3-16 所示。

图 3-16

（1）模块化

模块化这个概念主要是针对一些 B 端产品或者系列产品而言的。这种产品的用户需求的核心是相同的，但是每个客户都有各自的个性化需求。例如，同一个产品，客户 A 可能需要 1、2、3 的功能点，但是客户 B 可能需要 2、3、4、5、6 的功能点。如果我们把客户的需求分别做成不同的产品，那就会造成产品类型多、成本高、管理难等问题，但是如果把所有需求点都做到一个产品上又会造成产品成本高、竞争力小等问题，因此对于这种情况，我们就可以从模块化的角度想办法解决。模块化的意思是将那些大家都通用的需求点集中在主模块（也就是产品的主体）上满足，将不同客户可能需要或不需要的个性化需求分别做成不同的子模块，通过相同的接口体系使其可以与主模块组合使用，这样既能满足大部分用户，以低成本解决核心需求，也可以满足不同用户的个性化需要。这种方式虽有优点，但其缺点也是很明显的。通过模块化的方式做产品，在主模块和子模块上都会相应地增加壳体、接口方面的成本。模块化的方式应用在 B 端产品中比较划算，因为 B 端产品通常数量少、单价高，因此在这种无法把所有个性化需求都做成一个产品或分别做成不同产品的情况下，通过模块化的方式加以解决也是一种可以考虑的方向。

（2）开放化

在物联网产品中互联互通是一个基本的特性，很多场景都无法通过一种设备来满足，因此就要各个产品实现互联互通。物联网产品可以分为两种类型：一种是想做"大脑"的，如各种物联网平台或各种控制中枢（智能音箱等产品）；另一种是做"肢体"的，如各种传感器和控制器。无论哪种产品类型都需要考虑开放化的问题。做"大脑型"产品需要考虑如何制定标准，建立自己的生态圈，从而结结实实地圈住自己的用户群和市场。做"肢体型"产品则需要考虑如何将自己的能力方便地被别人所用，只有别人用得多了，自己才能更加"值钱"。这种开放化主要是从协议方面考虑的，如集成不同标准的通信协议、数据格式及通信技术，通过这种开放化、标准化的协议可实现产品能力的开放化。

（3）扩展性

模块化其实也可以理解成是扩展性的一种解决方案，只不过模块化大部分是考虑企业内部产品的扩展性和适配性。除企业内部的产品之外，在一些场景和产品中还需要考虑产品外部的扩展性，如工控产品、楼宇产品、控制器类产品、网关类产品等，这些产品通常需要配合外部其他产品进行协同工作，因此就需要通过一些方法提升产品在使用场景中的扩展性。在提升扩展性方面可以从不同的方面考虑，如增加产品的相应接口、使用行业内的标准接口和协议、适配流行的转换器等。

（4）通用性

在产品设计及元器件选型方面，通用性都是一个必不可少的因素，这方面如果考虑得比较好的话，那么对产品在成本控制、供应链管理、用户体验方面都是有益的。在控制成本方面，我们通常不选择供应渠道少的元器件，如果元器件的通用性够高就会有很多渠道可以采购，在随时可以找到替代供应商的前提下我们也就不用太担心供应商的供货能力等问题了。在用户体验方面，对于那些需要更换维修的部件则是通用性越高越好，这样用户在采购相应部件时才会更加简单方便，用户使用成本和门槛才会越低。

（5）稳定性

毋庸置疑，稳定性对产品来说是至关重要的。产品的稳定性取决于元器件的稳定性、方案设计、加工品质。元器件的稳定性是产品稳定性的基本条件，在选择元器件时可以根据不同的产品类型选择不同级别的元器件。工业级的元器件在稳定性和寿命上会远高于民用级的，在同级别元器件中，大厂家或老牌厂家的元器件会更加稳定可靠。方案设计同样是决定产品稳定性的关键因素，PCB 和结构设计的好坏会直接影响产品的质量和稳定性。之前我接触到的一个产品，因为其结构设计不合理导致了产品生产效率低、故障率高等严重的问题。加工品质是指产品的加工工艺、制程管理、品质管控等多方面因素的集合，它们轻则会影响产品的良品率，严重的则会为产品的安全性埋下隐患。对于产品制造来说，最怕的不是产品制造时良品率的高低，而是客户在产品使用过程中故障率的高低，产品在生产过程中品质的管控是最后一关，好的品质管控会拦下绝大部分有问题的产品，保证交付给用户的产品是稳定的、高质量的。选择一个好的工厂是保证产品质量的基本条件，关于工厂选择的相关内容请看 3.7 节。

（6）安全性

产品的安全性是指在销售和使用过程中对人安全性保障的能力，从以前产品的硬件安全到现在网络信息的软件安全在物联网硬件产品上都有体现。硬件产品在安全方面针对不同的用户有不同的考虑，如针对孩子的产品需要考虑防吞咽、防磕碰、无毒性等因素。不同的产品特性也要考虑相关的因素，如大功率电器需要考虑用电安全、燃油和火具设备需要考虑火灾隐患、交通类设备需要考虑运动带来的风险等。现在的网络安全也越来越重要，如果网络安全出现漏洞轻则导致设备信息被盗取，如门锁密码被破解等，重则会导致人身的直接危害，如自动驾驶系统被破解造成交通事故、各种受控设备被恶意控制对人形成危害等。对于物联网来说，网络安全是一个庞大的系统工程，虽然这不是我们介绍的重点，但我还是想在这里强调一下。产品安全是产品经理不能忽视的一项内容，也是产品经理不可推卸的基本责任。

3.7 选择合作伙伴

3.7.1 合作伙伴类型

如图 3-17 所示，在做一个产品的过程中需要接触的合作伙伴可分为两种：一种是产品设计研发阶段的前期合作伙伴；另一种产品生产阶段的后期合作伙伴。这两种合作伙伴的特点不同，选择前期合作伙伴时更加注重的是顺畅的交流，对方能够高效地理解我们的想法并将其转化为产品；选择后期的合作伙伴更加注重的是可靠性，注重其能够提供大批量稳定的服务。

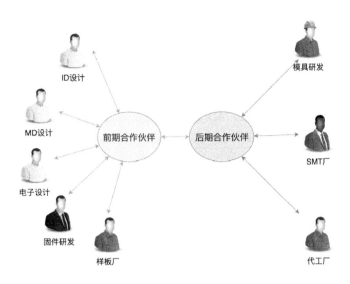

图 3-17

前期合作伙伴主要包括 ID 设计、结构设计、电子设计、固件开发、样板厂这几类角色，他们大部分在产品设计完毕投入生产后即完成相关工作和责任，因此在后续产品生产销售中基本就不会介入了，所以与这些角色的沟通和协作主要是在产品前期的设计阶段，由于这部分的工作主要是将想法变成产品的过程，因此会涉及较多的沟通和协调。下面笔者针对这几类合作伙伴的特点和大家做简要介绍。

① ID 设计。将一个想法变成一个硬件产品的过程中通常 ID 设计是第一步，ID设计是将想法变成一个实体的过程，在这个阶段相关人员会将产品概念具象成一个产品的外观。"想法"通常是多变的、不确定的，因此在选择 ID 设计师时就要选择一个懂你的且沟通和协调比较顺畅的人。"懂你"主要体现在你说的他能顺畅高效地理解，并且对于你要做的东西有所了解，能够将你所阐述的想法或功能准确地具象成实体，同时也要对相应部件的特性有所了解。要求在沟通和协调方面比较顺畅是因为从一个多变、不确定性的想法到一个确定、具象的实体，在这个过程中必定存

在很多需要决策、尝试和修改的地方，因此就需要 ID 设计师拥有比较好的沟通和协调能力，能够帮你将不确定一步一步变成确定，当然产品经理越是成熟、有经验这种不确定的因素就会越少。

② MD 设计。ID 设计是设计产品的外观，而 MD 设计则是设计产品的内部。在产品内部设计中主要考虑元器件的特性、摆放方式、固定方式、拆件加工方式、加工难度、良品率等问题，也就说 MD 设计的相关人员向前看需要考虑产品本身的特性和组合、固定方式，向后看还要考虑产品的加工方式、成本、难度和良品率等问题。在 MD 设计中，相关人员通常需要和 ID 设计、电子设计等多方面的人员进行协调沟通，因此就需要 MD 设计师可以顺畅地沟通。同时 MD 设计师在产品开模和生产中多多少少都需要提供一些支持，所以也需要能够顺畅及时地与各方面进行协调。MD 设计得好坏会影响产品的品质、稳定性、成本、加工难度、良品率等，所以 MD 设计师通常需要具有丰富的经验，因此产品设计一般不会轻易交给新手负责，除非产品特别简单。MD 设计的很大一部分工作和加工生产有关，因此在选择 MD 设计合作伙伴时尽量与开模、生产选同一家公司，这样他们之间可以保持高效的沟通，以及明确的责任划分，同时 MD 设计、开模、生产都具备的公司一般 MD 设计师对产品的加工和生产理解也是比较深刻的，这样产品后期各方面都会更加可靠一些。

③ 电子设计。电子设计是指根据电路原理、产品功能、元器件特性进行设计的过程，不同类型的元器件甚至不同型号的元器件，其特性和性能都是不同的，所以选择电子设计合作伙伴时就要考虑专业的对口程度。例如，你想做的是一个通信类的产品，那么选择一个擅长做家电产品的合作伙伴显然是不合适的，最合适的是找做过你所用的通信技术类产品的合作伙伴，在技术对口、经验对口的情况下，他在做你的产品时可以避免重复采坑。电子设计是一个专业性很强的工作，大部分产品经理是不具备深度的电子方面的知识的，因此就需要一个经验丰富的电子设计合作伙伴帮你一起做元器件的选型。做元器件选型的依据主要是产品的功能和性能要求，所以产品经理需要与电子设计合作伙伴进行深入持续的沟通，从而保证产品符

合功能和性能的要求，又不至于因为功能性能超标导致浪费资源和成本。

④ 固件开发。虽然固件的定义边界并不是特别清晰，不过大致可以理解成运行在硬件设备内部的软件程序。固件可以分为两种，一种是运行在单片机上的"小程序"，由于这种单片机上的小程序处于底层且功能逻辑单一，所以很多时候固件开发者和电子工程师由一人担任。另外一种固件是基于某种操作系统的软件，这种固件通常功能复杂，主要是编写软件的逻辑与底层硬件交互比较少，所以通常由专门的嵌入式工程师负责，而非电子工程师负责。无论是哪种固件，产品经理都要和工程师深入沟通产品的功能、逻辑判断、数据处理、权限条件、异常处理等内容。

⑤ 样板厂。ID 设计、MD 设计、电子设计在完成后都需要制造出实体的部件进行确认测试（俗称打样），这个阶段做出来的部件或产品都被称为样板，因为在这个阶段生产出来的实体是用于测试验证的，所以难免会进行修改、调整并再次制作样板进行测试，因此就会多次进行打样测试。打样的过程由于是第三方协助进行的，所以每次打样都比较耗费时间，如果合作伙伴配合得比较好，那么就会给项目节省不少时间和沟通协调的成本，所以选择样板厂时最好是选择自己熟悉的样板厂。

后期合作伙伴主要包括模具研发厂、SMT 厂、代工厂等角色，当然有些大的公司同时具备多种能力，如同时具备模具开发、SMT 贴片及产品组装等。这类合作伙伴通常都是在产品后期的执行阶段进入的，此阶段产品已经明确要做成什么样了，这些合作伙伴的作用是相互配合，因此就需要后期合作伙伴具备较强的执行力，以及完备的批量制造和品质保障的能力。下面我们一起看看将产品批量化生产过程中几个后期合作伙伴的特点。

① 模具研发。和很多同行聊起模具的时候，发现大家都在模具方面踩过不少坑，模具的坑通常是"不踩则已，一踩惊人"，主要是因为模具在生产制造中犯错的修复成本极高，有时甚至要从头再来。因此在选择模具合作伙伴时就要注意经验匹配度。不同的产品、结构和材料对模具的要求都是不同的。例如，五金和注塑就完全不一样，有运动机构的就比没有运动机构复杂得多，不同的情况都会有不同的

坑，要想避免踩坑就一定要找具备同类产品经验的合作伙伴。

② SMT 厂。SMT 是将 PCB 变为 PCBA 的过程，也就是将各种元器件焊接到 PCB 上的过程。SMT 是一个机械化的流水线，因此在审查时考虑的大部分因素是设备的精度、速度及在质检设备和流程方面的要求是否完善，如来料检验是否严格执行、是否具备 AOI（Automated Optical Inspection）自动光学检测设备、人工复检是否全面、出厂功能测试的完整度和测试率是否足够等。这些流程越规范和全面，产品的质量就越稳定。除了这些还可以看看合作方以往产品遇到的问题记录，主要查看问题和解决方案记录是否清晰正确。

③ 代工厂。代工厂主要是指组装厂，也指一些其他工艺或流程的加工厂，例如丝印、喷砂、包装等工厂，这类代工厂的特点是注重技术和流程的管理，技术的好坏决定产品质量的上限，而流程的好坏决定了批量产品质量和周期的稳定性。在选择此类工厂时我们偏向于选择专业技术能力强、管理严格、责任心强的合作伙伴。

3.7.2 像相亲那样选择合作伙伴

选择合作伙伴就像谈对象一样，前期合作伙伴就像未结婚的情侣，你侬我侬、是彼此的灵魂伴侣。后期合作伙伴就像要结婚的对象，谈恋爱时的花前月下慢慢变成了生活中的柴米油盐，彼此更加在乎的是对方能给予的稳定依靠。无论是谈恋爱还是结婚对于一个人来说都是很重要的选择，选择合作伙伴也是如此。好的合作伙伴不仅能节省产品经理的精力，还能用专业的知识帮助产品经理考虑很多问题，避免踩坑。如果选择的合作伙伴不够给力的话，轻则让产品经理费心费力，重则造成产品延期或出现品质问题。因此大公司在审厂时会由产品经理、工程师、品质管理人员、项目经理等角色组成一个审厂团队对合作伙伴进行评估，团队成员各自负责某一领域的评估工作。不过很多中小型公司其实并没有那么完善的团队去完成如此系统和严格的审厂工作，通常是由产品经理或项目负责人来负责审厂、选厂，下面我就根据以往的选厂经验和大家讨论一下选厂时需要注意的事项。

（1）看硬实力

就像相亲时很多人都会问有没有车、有没有房、有没有存款这些问题一样，在选择合作伙伴时也要考察对方的硬实力如何。对于前期合作伙伴来说，硬实力的表现就是做过哪些产品、产品的难度如何、设计的方案是否合理等。而后期合作伙伴的硬实力则体现在设备和人员的配置上面，在产品生产制造的过程中，产品质量保障的两大核心因素一个是人，另外一个就是设备。设备的好坏和完备程度是影响产品生产速度、品质、成本的基本要素，下面我们介绍一下在选择合作伙伴时要考虑的加工设备方面的因素。

① IQC 设备。每个产品都是由子元器件组成的，如果元器件物料的品质存在问题，那么产品的良品率和品质稳定性怎么能得到保障呢？对于元器件品质的保障除了选择正规大厂家的元器件外，另一个保障的方式就是对元器件物料实行物料检测，通常会根据情况进行全检或抽检，无论哪种方式都需要相关设备才能完成。不同的元器件所用的检测设备是不同的，因此相关人员在考察工厂时就需要确认工厂是否具有相应的物料检测设备。例如，针对最基础的电阻、电容、电流、电压的检测设备，还有针对不同产品特性的检测设备，如针对麦克风等的声学检测设备、针对摄像头类的光学检测设备及电机类的检测设备。针对有些特定的元器件和半成品还需要工厂制作相关的检测用具。

② SMT 设备。在制作 PCBA 的过程中 SMT 设备是必不可少的。有些小的组装厂是没有 SMT 产线的，因此 SMT 部分采用外包方式来做。反之还有一些厂主要做 SMT，但也会具备一些产品组装的能力。对于相对较大的加工厂来说，SMT 是基本的能力，在考察 SMT 产线时可以通过确认是否具备相关设备的方式来判断其 SMT 的基础能力，同时通过查看加工的产品复杂度和加工、质检的流程来判断其综合能力的强弱。SMT 设备主要包括锡膏印刷机（用于通过钢网的配合将焊锡膏刷在 PCB 上）、贴片机（将各种元器件放在刷好焊锡膏的 PCB 上）、AOI 检测仪（用于检测元器件是

否存在贴错、位置偏移、焊接不良等问题）、回流焊炉（将主板加热使焊锡膏凝固，从而焊接上各种元器件变成 PCBA）。在 SMT 的流程中除了利用贴片机对元器件进行贴片之外，针对一些特殊的元器件还要结合人工插件的方式完成，因此在质检流程中就要区分两种不同的类型。除了 AOI 检测仪在贴片之后和回流焊之后的两次检测之外，针对特殊的元器件还会进行手工检测以确保 SMT 的良品率和品质。

③ 开模设备。在第 2 章的"模具加工"中，我们介绍了模具加工的几种工艺，对应每种工艺都有专业的加工设备，其中线切割应用得比较少，磨、钻、抛光等设备属于比较基本的装备，因此这些就不多介绍了。在开模的环节中 CNC 机床和电火花机床是比较重要的两个设备，因为设备和使用成本都比较高，因此很多小型的模具厂是没有 CNC 机床的。如果选择的模具厂具备 CNC 机床，那么至少在装备上就已经超前于很多模具厂了，如果没有 CNC 机床，那么相应的加工就需要委托第三方，委托第三方就意味着要付出更多的成本。成本不仅指加工费同时还包括加工的周期，因为在委托加工中，需要调整和修改模具时都要和第三方排期沟通，相对而言，自有 CNC 机床在沟通和排期时通常会省下不少的时间，开模的周期就会缩短。除了 CNC 机床，另一个比较重要的设备就是电火花机床了，电火花机床是一个使用频繁、加工时间长的设备，在很多纹理和骨位加工中都会用到，所以对于模具厂来说这是必备的设备。每个电火花机床一次只能加工一个模芯，但是很多产品都是由多个模芯组成的，因此模具厂的电火花机床越多，加工速度就越快，毕竟设备多了因排队加工而浪费的时间就会大大减少。通常一个小型模具厂会有三台电火花机床，而大一点的模具厂则会配置更多的电火花机床。在评估模具厂设备时这两种设备是考虑的重点，不过这并不意味着没有 CNC 机床或多个电火花机床的模具厂就不能合作，具体情况要根据产品特性考虑，如要做的产品比较简单，没有什么复杂机构，那么 CNC 机床采用外包的方式也不会耽搁太多时间，同样在做电火花加工时，如果模具厂排期不饱和或产品需要电火花加工的地方少，那么不需要模具厂配备多台电火花机床。

④ 注塑设备。注塑机是将原料加热注入模具内，使之凝固成型的一种设备，在产品生产中它是经常用到的一种设备，通常模具厂或注塑厂拥有六七台注塑机是比较基本的配置。如果只有两三台注塑机，那么就要注意产品在大批量生产时的周期问题了。注塑机可分为两种，一种是半自动化注塑机，在注塑过程中需要人工手动将凝固成型的部件从模具上取出来，这种注塑机的工作效率相对较低，一般小型模具厂或注塑厂使用得比较多，在一些产品小批量的注塑中使用这种注塑机倒也没有什么问题，但是如果产品每月的产量能达到几万甚至几十万的时候这种方式显然就比较吃力了；另一种是全自动化注塑机，这种注塑机可以自动将凝固成型的部件从模具上取下来，然后放到传送带上传送到人工区域进行筛检等处理。这种流水线式的自动注塑机可以大大降低人工成本，且生产稳定快速，比较适合大批量的注塑生产。不过在小批量的注塑中就没有太多优势了，因为在小批量的注塑中，调试注塑机就要占用很多时间，所以就不是特别划算。

⑤ 组装车间。对于组装车间来说其实并没有什么统一的标准，在产品组装中人和流程才是最核心的因素。如果非要说组装设备的话，那么主要可以分为两种。一种是为了辅助产品加工组装的治具，因为每种产品的治具都需要根据产品而定，所以就不在此介绍了。另一种就是与组装车间内环境相关的设备，如无尘车间中的风淋室和空气净化系统。风淋室是在无尘车间中都会配备的，但是并不是所有工厂都会严格执行进出经过风淋室的规定，因此观察人员进出车间是否必须经过风淋室是比较必要的。空气净化系统一般造价比较高，所以很多工厂是没有的，有些工厂会用空气净化器来替代空气净化系统。真正的空气净化系统包括烟雾排出系统和大流量的新风系统或空气净化系统，通过这些系统能够达到使设备在无尘环境中的组装要求，不过很多产品的组装其实并不需要如此严格的无尘环境，如镜头、屏幕等产品才需要严格的无尘环境从而保持产品的良品率。

⑥ QA 检测。QA 检测针对不同的产品所用的设备也是不同的，从一个工厂的 QA 测试设备也可以看出它的代工特点。QA 测试设备琳琅满目，这里不能和大家穷

举所有，因此我将一些常用的 QA 测试设备整理下来，如表 3-6。具体审查 QA 测试设备和流程还要根据产品的特点和所需测试项来重点关注。

表 3-6　QA 测试设备

设　备	功　能
恒温恒湿仪	用于测试电子、PCB 等产品的零件和材料在特定恒温恒湿环境下使用和保存的适应性
淋雨试验箱	用于测试产品的防水性
沙尘试验箱	用于测试产品对沙尘等固体颗粒的防护性和产品密封性
盐雾试验箱	主要用于盐雾腐蚀的实验和测试，测试产品的防腐蚀性
纸袋耐磨测试仪	适用于各种表面涂装试品、各类产品表面及印刷面的耐磨实验
跌落测试台	用于产品各种跌落、倾倒的测试实验
搬运模拟振动仪	模拟产品在运输中的震动和磕碰，用于测试产品及包装的抗跌落、抗震动、抗碰撞等性能
色度仪	用于测试各种物体和材料的白度、黄度、颜色、色差、不透明度、透明度、光散射系数和光吸收系数、测量油墨吸收值
按键寿命测试仪	用于测试各种按键和开关的使用寿命
酒精橡皮擦测试仪	适用于各种表面涂装试品、各类产品表面及印刷面的耐磨实验
熔融指数仪	用于测量聚乙烯、聚丙烯、聚甲醛、ABS 树脂、PC、聚碳酸酯等材料在高温下的流动性
三角坐标测试仪	用于各种胶件、五金、PCB、面键等产品点、线、面、弧、椭圆、角度等各种尺寸的测量
PCB 功能测试仪	用于自动测试 PCB 的电气参数，如电阻、电容、电压、电流、频率、波形等

⑦ 其他设备。在产品生产中还有很多会用到的设备，如塑封机、打包机、标签机等，在这里我们不一一赘述了，在考察时相关人员可以根据产品需求进行重点评估。

（2）看软实力

和找对象一样，除了要了解对方的硬实力如何，软实力也是不可缺少的一部分，并且我们看到的硬实力，也许只是之前辉煌时留下的资产而已，如下面说的工厂 B。

上面说的硬实力指的是配备的加工组装设备，这里说的软实力则是指人员和流程的管理。毕竟硬件设备再好，如果流程管理和工人本身的素质不到位，那么依旧无法保证产品的品质。软实力主要可以从以下三个方面进行观察。

① 俗话说态度决定一切，做事的态度和理念就像信仰一样，它可以指引着人们往共同的目标前进。其实很多时候事情做得不好并不是由于技术或能力达不到，而是因为态度不端正和不认真。我也曾深入接触过几家工厂，其中两家工厂的规模差不多，在硬件设备的配备上也基本相同，不过这两家工厂在做事的态度上相差甚远。下面我们就以 A、B 代称两家工厂，和大家聊聊我在与两家工厂接触过程中的一些感受。

首先是初次去两家工厂审厂时，业务人员在介绍工厂时的侧重点不同。工厂 A 的人员在和我介绍工厂时主要介绍的是各种设备的作用和使用流程，以及不同流程之间品质把控的方法、注意事项和有关生产制造的细节和要求等。针对正在加工的产品和作业指导文件也做了详细的介绍。对以往合作过的厂家和产品也有介绍，不过并没进行重点介绍。工厂 B 的业务人员在介绍自家工厂时正好与其相反，工厂 B 的人员在介绍工厂配置、流程和品质管理上基本是点到为止，并没有进行深入的介绍，反而是对以往合作过的厂家长篇大论。通过接触这两个工厂，给我的感受是完全不同的，工厂 A 的人员介绍之后给我的感觉是这个工厂或这个业务员比较专业和务实，工厂对于产品生产和品质管理有严格的流程和要求，从做产品的角度来说我更愿意相信他们，因为经过业务员的介绍，我能知道他们是如何保障产品质量的。工厂 B 的人员给我的感觉是他们和很多大厂合作过，技术方面理论上应该还可以，不过对于我来说，我并没感受到工厂 B 的专业性和其在生产、品质管理方面的能力，即便他们与不少大厂也有过合作，但是我对其依旧是不放心的，因为我更多在乎的是他们如何保证产品品质，而不是曾经做过什么、和哪些大厂合作过。

其次在沟通中的态度上，A、B 两家工厂的人也是不同的，工厂 A 的人在和我沟通中给人的感觉是不卑不亢，不骄不躁地详细介绍工厂并回答我的疑问。而工厂 B 的人员给我的感觉是他很赶时间的样子，急于进入下一流程，并且对于我们的单子似乎并不是特别在乎。虽然我们首批单子确实不多，但是作为乙方给客户带来这种满不在乎的感觉，我觉得在做其他事情的态度上也不一定能有多好，所以我又怎么放心找他们来做事情呢？后来从朋友那里得知工厂 B 在一次产品合作过程中和甲方也发生了扯皮的事情，并且工厂运营得也并不怎么好。

除此之外，还有一个小细节让我觉得工厂 A 不错，那就是在他们的墙上写的"出厂合格率：≥99.8%、交期达成率：＞95%、客户抱怨率：≤0.2%"这个标语，这个细节让我觉得不错的原因是它不是那种虚无缥缈的标语，而更像是对工厂内部的要求及对客户的承诺。

② 在工厂管理方面 A、B 两家工厂也存在不同，如在进入车间时 A 工厂的员工和客户需要穿戴脚套、帽子、无尘服后通过风淋室才能进入车间，而工厂 B 虽然也需要穿好服装并通过风淋室才能进入，不过让人诧异的是风淋室并没有工作。

另外一个我比较记忆深刻的地方就是在下班走出厂区时两家工厂存在的区别，工厂 A 的员工下班后从各个车间走到大门口是在一个空旷的院子内按照一条带拐弯的直角线走的（相对从车间门到大门走直角线肯定是更远一点的），工厂 B 的员工则是直接从车间门径直的走向大门。当时我对于这一点并没有在意，不过后来和工厂接触得多了，也就意识到为什么在车间之外两家工厂会存在这个微小的区别了。虽然下班按不按规定行走看似是一个无关紧要的要求，但是这种看似无关紧要的规定反而体现了一个工厂管理水平的高低，毕竟在车间之外的这种小的事情都能按照规定严格执行，那么在车间内的流程和规定就更不用担心了。工厂内大部分人从事的都是机械性的流水线工作，而非技术性的工作。这种工作要求的就是按照规定一板一眼地执行，因此对于人员的管理就变得很重要，只有工人严格按照要求工作才能保证产品质量的稳定性，这也就是一个好的工厂在流程和人员的管理上比较严格的原因。

③ 制程管理是指在产品组装制造和产品加工过程中的流程管理。产品加工流程是指一个产品在加工过程中先做什么后做什么，用什么治具辅助加工，各项步骤的标准、加工过程中的质检流程，以及通过流程的安排提高加工效率和产品质量。对

于工厂这方面的能力不太好评估，原因是别人的产品你不太了解，即便看到加工流程你也不一定能看出来流程的好坏。而针对你们的产品在这个阶段一般工厂也不会进行到制程分析，所以对于这块的能力判断，可以和他们聊聊为什么按照当前的流水线方式做、之前遇到过哪些问题，然后听听他们的安排是否合理。同时也可通过工艺指导文件来辅助对其能力的判断。工艺指导文件是指产品加工组装中的指导文件，文件中描述了各个元器件组装的方式、要求、注意事项等内容。例如，如何走线、螺丝安装顺序、螺丝扭矩大小等。在审厂时，相关人员可以多看看工艺指导文件里对于各种元器件加工的描述和要求是否清晰、完整、合理，有没有漏洞等。同时也要注意工人是否按照工艺指导文件中的流程和要求对元器件进行加工和检查。之前我们说过流水线上大多岗位和节点的工作并没有太多的技术含量，所以更加在意的是流程和标准的制定，以及工人的执行力。

（3）看信条和品格

信条是企业员工行为的准则，员工的品格也是企业信条的体现，一个企业的硬实力和软实力如何虽然可以证明其是否可以做好某件事情或产品，但是却无法证明合作是否可以顺利进行。考察企业信条和员工品格则是预判后期合作顺利度的一种方式。在选择合作伙伴时虽然和对方接触的渠道有限，不过我们依旧可以从一些方面做基本的判断。

① 在做产品时所接触的企业可以分卖产品和卖技术两种类型，卖产品是指那些卖元器件等成品的供应商，卖技术则是指那些做方案研发和生产制造的工厂。只卖产品没有技术的企业是比较注重"为人处世"的，所以说和卖产品的业务员打交道并不是单纯的买卖过程，通常会伴随着一些"为人处世"的方法。这主要是因为很多元器件都是由代理商出售的，所以采购方很容易找到同型号产品的其他代理商，因此这类业务员出现"给好处"的行为也就容易理解了，毕竟在产品都一样的情况下，核心的竞争力就只剩价格和"人情"了。

对于这种情况我虽然理解但是却也非常厌恶，所以建议大家多多注意这种供应商的可靠性。之前笔者找包装厂的时候遇到一个老板，在还没有详细看工厂和讲述我们的需求的时候就被拉着去吃饭，结果在饭桌上就表示如果这笔业务给他们，他可以给些提成，当时听到这句话我觉得这个供应商不能合作。虽然他的工厂做我们的包装在技术上是绰绰有余的，但是对于这个老板我是很不放心的，所以最终也没有选择他。对于选择供应商，我认为应该选择踏实做事的，毕竟把心思都放在这种旁门左道上的企业，哪还有什么心思好好做产品呢?

② 在做产品的过程中需要对接的合作伙伴太多了，因此产品经理很大一部分精力都放在了和供应商打交道上，但是通常产品经理不可能每天都在合作方那里盯着，所以能遇到言出必行的供应商会给产品经理节省不少精力，这种供应商在做产品时也会更加靠谱。在和供应商打交道的过程中，产品经理可以多注意一些承诺是否按时执行，如答应什么时间点要给你的资料或回复，对方是否做到了。尤其是涉及需要对方内部沟通协调的事项，因为这类事情可以体现出对方在内部的协调能力。和你进行项目对接的人在内部的协调能力或话语权越大对项目就越有利。

③ 在做产品时，尤其是在产品设计和策划阶段，其实很多东西并不是特别明确，不过很多甲方都会在各种问题上要求合作伙伴给出明确答案，如排期、成本等。这里我们不讨论甲方应该怎么做，而是聊一下乙方怎么做。对于这种问题乙方常见的态度有三种。一种是客户要答案就给客户，而且给的也是客户所希望的结果，目的就是先稳住单子再说。第二种是客户要答案也可以给客户答案，不过这个答案是在满足某种条件下给出的答案，为的是既满足客户的要求又不至于承担什么风险。第三种则是客户要的答案不一定会立马给客户，但是会先和客户聊清楚需求及可能面临的问题，然后在此基础上才能给客户答案。

区别这三种供应商最简单方式有两种，一种是业务人员是否和你深入沟通，了解你各方面的要求；第二种就是对于你的需求和问题，对方的业务人员是否会和技术人员进行明确沟通，然后给你一个真实可靠的答案。

第三种态度的乙方给客户回复的周期一般会长，有时业务人员可能在沟通上处理得不是特别好，会让客户觉得对方什么问题都不愿意直说、很难沟通。其实，这种谨小慎微的处事方式看似比较麻烦，但是对于后期的合作是比较负责和节省时间的，因为问题确定得越早就越容易用最低的成本解决。

（4）看经验

经验匹配度这个问题其实不用特意强调大家也都理解，那么主要问题是如何判断合作伙伴需要具备哪些经验或者如何判断对方是否具备这些经验。第一个问题最简单的方式就是拆解自己产品的技术点，然后挑出来那些具备技术难度或行业特性的点，与之对应的就是合作伙伴需要具备的经验。

例如，做一个物联网的传感器设备，那么低功耗和无线通信就是两个大的技术点，并且物联网无线通信是具有领域性特点的技术，它和蓝牙、Wi-Fi 等通信技术具备的特性不同，所以能做得了 Wi-Fi 设备或蓝牙设备的企业并不一定能做好低功耗的物联网产品。同样在低功耗控制方面也是需要经验的，如什么数据量的需求选择什么样的通信技术、从通信层面如何节能、从传感器逻辑处理和控制方面如何节能、使用什么电池最为合适等，这些都需要具备一定经验才能做好或者少踩坑。

做静态的产品和做带机械运动的产品同样也是不同的，如静态的产品在段差、缝隙方面就很好控制，但是有运动机构的产品就要难很多。运动机构的间隙大了不仅影响美观，而且影响转动的灵活性且容易增加产品的故障率。带机械运动的产品还要考虑产品表面是否会做类似喷油的处理，如果要喷油，那么就要考虑喷油带来的间隙问题。带机械运动的产品在产品设计时的难度也高很多。

不同产品的技术难点和特点在这里就不一一举例了，剩下的问题就是如何判断合作伙伴是否具备这些相关的经验了。其实这个问题说来也简单，多去看、多去沟通就行了。例如，直接去合作方那里看他们正在做的产品或已经完成的产品中是否有相同类型的，或者其他方面的经验是否可迁移到你的产品上。如有类似的产品，那就要详细看现有产品做得如何及存在什么问题。问题不仅指产品品质的问题，还指设计思路、技术难点及加工制造过程中的流程等。产品经理可以通过听他们的讲解来判断其是否具备相关的经验，当然也可以聊聊你要做的产品在加工工艺、技术等方面他们有哪些疑问或觉得需要注意的点，判断他们对于你的产品的理解程度如何。如果理解得比较深刻且能提出比较关键的问题，那么在经验上也就相对匹配一些。

（5）看缘分，选择最合适的

和相亲一样，每个人都想找到那个完美的另一半，但是在现实生活中往往是不可能的。我觉得主要原因有两个，一个是在实际生活中我们并不是一定需要那种各方面都完美的人，同时我们自身也不一定拥有与之匹配的条件；第二个原因是我们没有足够时间去寻找最完美的人。同样在选择合作伙伴方面也是如此，因为不同的合作伙伴都有自己的优势和劣势，即便是找到各方面都能比较优秀的合作伙伴也不一定就能达成合作。一般情况下，我们也没有足够的时间去寻找绝对完美的合作伙伴，所以通常选择的都是基于某些条件下相对完美的合作伙伴。

说到这里问题就来了，在选择合作伙伴的时候要考虑这么多的因素，那我们到底如何评估哪个合作伙伴是最合适的呢？其实想找到合适的合作伙伴，我们首先要了解自己。了解自己主要包括几个方面，自己要做的产品类型、核心技术难点、企业能力等。每个方面都是一个筛选器，提取各个方面的要点，然后用于筛选合作伙伴。

首先我们需要考虑的就是产品类型的问题，不同的产品类型有着不同的专业领域知识和难点。在这些专业领域知识和难点上如果没有相关经验的话，那么踩坑是不可避免的。产品类型可以分为很多种，如机械类产品、交通类产品、通信类产品、传感类产品、受控类产品、低功耗类产品、视觉类产品、声学类产品、飞行类产品、水下类产品、海事类产品等，很多产品都是多种类型集合的产物，因此我们需要判断自己做的产品属于哪些类。例如，我们做的产品采用电池供电，通过检测人体散发的热红外，从而实现人流计数方面的应用。我们很明显地可以从这个产品描述中判断出这个产品可以归属于通信类、传感类、低功耗类，然后我们给这三个类型做个排序，看看哪个最重要或者说最难。分析之后我给出的排序是低功耗类、通信类、传感类，这三个类别的排序就是我们选择合作伙伴的第一个过滤器。可能说到这里有人会疑惑这三个类别是如何做排序呢？其实这个很简单，只要你够了解你的产品就能够进行排序。我这个产品涉及通信、低功耗、传感器这三个点，其中传感器是标准品且都是封装好的指令和交互，因此对于我们来说并没有什么技术难点。低功耗这个点确实有点麻烦，因为传感器和通信设备本身都是非常耗电的，而且还使用电池供电，因此这算是一个难点。在通信方面虽然使用的是标准的模组，但是固件层面的通信机制需要自己调试，因此具备一定难度，不过相对低功耗还是比较容易的，所以最后的顺序是低功耗类、通信类、传感类。

其次我们分析一下核心技术点，还是以上面的设备做分析。如果想要设备具备较低的功耗，那么主要可以从以下几个方面来考虑。

- 设备所用的处理器要尽量具备较低功耗。
- 设备的通信模块在能满足通信需求的情况下尽量低功耗。
- 供电的电池要尽量容量大、用得久。
- 在固件逻辑上要尽量低功耗。

由于不同的通信技术在特性、使用方式、适用场景等方面都不一样，并且固件写得合不合理，还会在很大程度上影响功耗，因此通信技术也是一个难点。传感器因为是用的标准品且本身产品也比较简单，因此倒不是特别重要的技术点。

通过上述分析我们可以从中提取几个要点作为筛选合作伙伴的筛选器，要点一是做过低功耗的设备，且熟悉利用处理器不同的模式及逻辑帮助设备节能。要点二是熟悉所用通信技术的特点，具备此通信技术的开发经验。要点三是熟悉不同电池的特性，能够为产品选择最适合的电池类型。

最后需要分析的就是自己企业的能力。企业能力可以分为两个方面，一个是企业的技术能力、一个是对合作伙伴的把控能力。技术能力也可以进一步细分，如是软件开发能力好还是硬件开发能力好。自身的软件能力好，找合作伙伴就优选硬件能力好的。对合作伙伴的把控能力同样也是如此，例如，在做产品中需要合作的各个角色都有自己熟悉的靠谱的人，那么自己就可以把各个角色分给不同的人来做，这样有利于保护产品方案。反之如果找不到都相应靠谱的各种人，那么在找合作伙伴时就需要对方尽量具备较全的能力，这样对产品的把控和沟通都会顺畅很多。在采购方面也同样如此，如果没有较大的量，那么尽量把采购的事情也委托给代工厂，因为很多常用的元器件代工厂用到得比较多，元器件供应商给代工厂的价格可能会低于我们自己采购的价格。反之就可以自己采购元器件，尽量把把控权放在自己手上。通过对自己企业能力的分析，最后我们同样可以提炼出一个筛选器。

分析完自己企业的能力后就可以分析合作伙伴了。上面我们已经从硬实力、软实力、信条和品格及经验这几个方面说了考察合作伙伴的因素，下面我们就根据这些因素去评估哪个合作伙伴最适合。我们可以利用一个评估表进行打分，如表 3-7 所示，这是一个相对比较通用的评估表，对新手来说还是比较有参考价值的。当然不同类型的产品及合作伙伴角色所需要评估表的内容也不尽相同。这个打分不是绝对的分数，原因有两个，一是因为这不是数学题，本身也就没有绝对的好坏或对错，另外一个原因就是打分是为了在几个合作伙伴中选择最适合的那个，所以打的分数都是几个合作伙伴之间的相对分数而不是绝对分数。在使用评估表时可以根据"考虑因素"内的说明进行打分，最后将自己在意的因素按照在意程度从高到低排列，综合分析后选择适合的供应商。

表 3-7　合作伙伴评估表

评估角色	评分事项	考虑因素	评估分数
ID 设计	是否具有相同元器件、结构的设计经验	例如，摄像、探测器、各种发射接收器等需要考虑角度和距离的产品，或具备相同结构的产品设计经验	
	沟通是否主动	ID 设计是一个需要频繁沟通的工作，只有双方沟通到位才能将需求准确地设计出来。在和 ID 设计师沟通时对方是否能主动沟通以获取需求的背景、目标和条件可以成为评估一个 ID 设计师是否经验丰富的因素	

评估角色	评分事项	考虑因素	评估分数
ID 设计	是否具备材料、加工工艺方面的知识	设计是一个需要想象力的工作，但是又不能过于天马行空，因为不切实际的设计只能成为概念而非产品。设计的产品能否落地也是设计师能力的体现，设计的产品是否能落地考验的是设计师对材料和加工工艺的了解程度。对材料和工艺越是了解就越能预见后续可能出现的问题，从而也就能避免问题，提升设计的可落地性	
	是否有上市成功的产品及其评价如何	通过已上市的产品的评价可以准确地评估 ID 设计师的好坏。因为产品能上市就意味着 ID 设计是成功的，评论好坏可以反映出 ID 设计师对用户和需求的理解及其设计的产品是否能合理地满足需求	
	项目的报价及投入力度如何	报价过高和过低都不是一个优秀公司的体现，报价过高除了是设计公司本身的价格高之外，更多的是没有透彻地了解需求，从而评估出错误的价格。过低的价格同样也是这个道理，不同的是如果将错就错地签下了合同，那么在设计过程中要么提出增加费用，要么就是草草了事。报价是否合理可以通过多家比价，以及找没有利益关系且经验较多的同行了解	
结构设计	是否具备同类产品的设计经验	结构设计师具备同类产品设计的经验很重要，不同元器件特性及产品性能的要求和使用环境对结构设计都有着重要的影响，如具有角度和方向性的元器件、安装具备方向性的元器件、机械运动的结构及对产品使用寿命和抗跌落的性能要求等。针对不同的特点需要在结构设计时做不同的处理，因此就需要结构设计师具备相同产品、元器件及相同性能要求产品的设计经验	
	是否具备相同材质和工艺的设计经验	不同材质和工艺的特性需要考虑的因素也不一样，如塑胶材质需要考虑缩水、开裂等问题。不同的材质也要考虑装配的问题，这些因素都可以通过是否具备相同的材质和工艺产品的设计经验来评估	
	是否具备良好的审美	这个问题主要是涉及 ID 还原，没有审美的结构设计师在结构设计中不太在意 ID 设计中的细节和比例，这会导致经过结构设计后的产品在形态和外观细节上不如 ID 设计那样协调和美观。这个问题可以对比以往产品的 ID 设计图和产品成型后的样子，看看在细节和比例上的还原度如何	
	设计产出后的对接维护周期	结构设计在完成设计工作后，在下游岗位进行模具设计开发中会因为排摸、胶位、注塑出模等问题需要结构设计师沟通修改，这个过程通常需要两个多月甚至更久，因此就需要结构设计师在下游岗位进行工作时能够及时有效地给予支持，并且能够接受较长的支持周期	

评估角色	评分事项	考虑因素	评估分数
结构设计	是否具有产品量产的经验	具有量产的经验可以证明其设计的产品能够通过模具开模和注塑，同时也意味着设计师具备开模和注塑的经验，在以后的产品设计中都会有所考虑。设计师量产产品的数量和难度越大越好	
电子设计	是否熟悉所用元器件的特性和封装等	不同元器件的特性会影响电子设计中的电流和外围附件，如不同的电源特性、发热特性、通信信号特性、功能特性、封装方式等，通过了解对方是否使用过同型号的元器件或同类元器件可以评估其能力匹配度	
	PCB 设计能力如何	结合之前的 PCB 设计注意事项来评判其 PCB 设计的细节是否合格。例如，元器件布局原则、布线原则、元器件及布线的整洁度等	
	是否有电路板审查机制	在 PCB 设计过程中是否有非设计者的审查机制，通过审查机制保障设计的质量，同时也要考虑审查机制是否被严格执行	
	是否考虑 ICT 测试	设计过程中是否会考虑后期 SMT 加工中的品质管控，如预留 ICT 检测孔等	
	是否做过高复杂度的产品	通常做过的产品复杂度越高其能力也就越强，我们可以通过之前产品的复杂度来判断其能力如何。例如，之前做过的 PCB 层数的多少、电子电路是否复杂、外围元器件多少等	
固件开发	是否具备同架构或同类处理器的开发经验	不同架构或系列的处理器都有着各自的特点，并不是使用过 A 处理器就一定能用好 B 处理器，因此产品经理需要了解做固件的工程师是否使用过同架构或同型号的处理器，最好是找使用过同型号处理器的人来做	
	是否开发过同类功能模块的产品	一个产品是由不同的功能组成的，每个功能都是一个功能模块，如果固件工程师开发过相应的或类似的功能模块，那么在开发时就更加得心应手，同样也可以避免踩坑	
	是否具备同类特性要求产品的开发经验	有很多产品都有自己的特性，如物联网设备大部分都要求低功耗，受控设备都要求及时和百分之百地执行，所以具备相同类型产品的开发经验的工程师会对这方面比较熟悉，知道如何达到产品的要求	
	代码逻辑是否清晰易懂、注释是否清楚	代码层面的东西通常产品经理也看不懂，一般都是由工程师来评估，不过并不是所有的合作伙伴都会把之前的代码给你查看的，所以这一项就看配合度了	
模具/注塑	模具加工设备是否齐全	开模所需的加工设备一定要尽量齐全，最好选择港资或台资的企业，相对来说这种企业管理水平更加好	

评估角色	评分事项	考虑因素	评估分数
模具/注塑	是否有同类产品开模经验	不同产品会遇到的问题不同，尤其是对于那种结构复杂、有运动机构的产品来说，一定要找有经验、有能力的模具厂进行开模。是否有经验可以通过以往其做过的产品类型进行评估	
	流程和管理是否严谨	硬件研发是一个开弓没有回头箭的事情，所以很注重产品的决策、设计和执行过程是否顺利。模具尤为重要，因为在模具设计加工中不出错则已，出错就是大错，所以在模具设计开发中通常都需要完善的评估和审查机制。机制越是完善、执行越是严格，出错的概率就越小。在评估模具厂时要着重评估其审查和流程管理的完善程度，可以通过沟通或查看以往设计加工中的审查文件来确认	
	价格因素	在模具报价方面千万不要贪图小便宜，因为价格便宜的小模具厂在管理水平和技术方面不如大中型的模具厂。如果公司资金充裕，那么建议考虑大中型的模具厂	
	是否有自动化或足够强的注塑能力	注塑能力和产量的大小体现在设备数量和设备自动化水平上，设备越多、自动化程度越高，相对其产能就越高。因此注塑设备的多少和自动化水平就是评估的指标。一般中型模具厂会有十几台注塑设备，好一点的模具厂会有自动化的注塑产品线	
SMT	是否有 BGA IC 封装技术	产品使用了球栅阵列封装的 IC 则需要考虑是否具备 BGA IC 封装技术，反之则不用考虑	
	卷带包装和托盘包装的加工能力	一般贴片时都比较喜欢用卷带包装的方式，这种方式方便快捷、自动化程度高，而托盘包装加工比较麻烦，且容易出错	
	0201、01005 贴片设备和经验如何	此类元器件由于体积小、重量轻因此在贴片加工中需要有针对性地调整吸盘力量、速度、压力等，对于贴片设备和人员的能力和经验要求较高。能力或技术不行会提升产品故障率	
	在进行 SMT 或加工组装时如何处理用错料、用反料的问题，有没有合理有效的防呆处理	很多时候产品的故障都是由加工过程中的人为因素导致的，因此就需要有效的防呆处理，这个在产品设计和加工流程中都需要考虑，防呆的完善性也在很大程度上代表了一个工厂的能力和经验	
	AOI 设备和使用	通过 AOI 检测仪器代替人工目检可以有效提高检测速度和质量，因此需要相关人员查看代工厂是否具备 AOI 检测设备	
	是否具备 ICT 测试仪和完善的测试流程	ICT 测试仪是一种利用 PCB 预留检测点来检测 SMT 是否有贴错及元器件故障的机制，且 SMT 厂也需要使用 ICT 测试仪来测试产品	

　　在选择合作伙伴时并不是要选择最好的，而是要选择最合适的。例如，要做一个非常简单的方形盒子，且盒子内部也没有多少元器件和复杂的结构，那就没有必要找大的模具厂去做了，通常小的模具厂就可以搞定。硬件产品经理一定要具备成本意识，毕竟做硬件产品要花钱的地方实在太多了。

第 4 章

编写文档

在工作中我们需要利用文档与团队进行交流记录，包括设计团队、研发团队、销售团队、技术支持与客服团队等。每个团队需要的文档是不同的，因此在产品的生命周期中产品经理需要编写各种文档用于和团队进行协同工作，使团队成员对于产品的认知和理解统一。本章我们就来介绍一下硬件产品经理需要编写的文档及不同文档的核心内容和作用。

产品经理在实际的工作中需要编写的文档远远不止于下面这几种，因为不同的产品或不同的公司所需要写的文档也是不同的，所以笔者在本书中就挑选几个通用的文档进行简述，关于其他类型的文档介绍及文档模板我会在我的公众号中进行持续更新，需要的小伙伴可以关注获取。

4.1 产品需求文档

产品需求文档的主要目的是向团队详细讲解产品经理要做的是什么样的产品、为什么要做这个产品、产品的设计理念、产品的目标和产品要求是什么，以及如何来做这个产品等。

设计团队、研发团队和测试团队是需求文档的主要阅读对象，但不同的岗位所关注的内容是不同的，并且在实际工作中很多角色都是合作公司中的人员，因此在给不同的合作公司的人员查看需求文档时，产品经理会根据情况筛选出对他们有用的内容，其他内容就无须给他们看了，这样同时也能避免浪费他们的时间。

如图 4-1 所示的是需求文档所要包含的主要内容，不同的产品类型，其内容也存在差异，所以产品经理在编写文档时需要灵活增减相关内容。关于软件（服务器、App）的需求文档我没有提起，网上有很多文章和课程讲如何写软件需求文档，需要的小伙伴可以自行查阅。

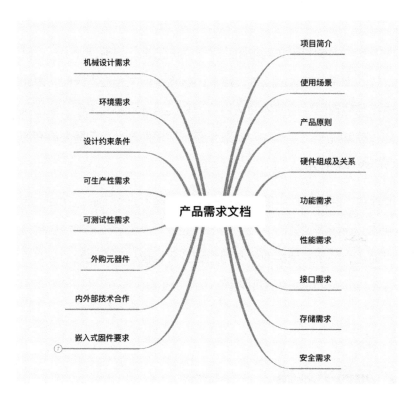

图 4-1

（1）项目简介

项目简介的作用是帮助团队建立一个框架性的认识，让团队能先大概理解这个产品是什么，避免直接讲需求细节，而导致团体成员无法理解需求之间的关系。项目简介可以给团队讲清楚做这个产品的原因、这是一个什么样的产品、产品的作用是什么、产品的特点有哪些等问题，并通过产品的功能框架图给团队简单介绍各个模块的作用（如图 4-2 所示，包含软件、硬件等所有模块）。

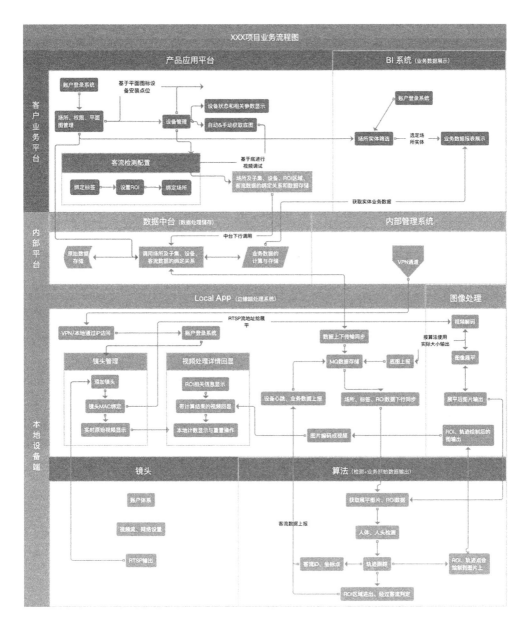

图 4-2

（2）使用场景

任何的需求和产品都是基于某种场景才产生的，场景中的因素对产品的设计有着很大的影响，因此产品经理需要给团队讲解产品的使用场景是什么、在这个场景中产品要完成什么任务。然后才能有助于大家一起分析与产品相关的问题。场景包括硬环境因素（看得见、摸得着的环境元素，如放置地点）、软环境因素（看不见、摸不着的环境元素，例如温湿度）、时间因素及参与对象（人或设备）。

（3）产品原则

产品原则是指对产品原则性的要求，在产品设计开发的过程中我们会遇到很多的选择，产品原则就是我们在做选择时的参考依据和边界。例如，小巧轻便、经济实惠、性能强大、最大功耗等。

（4）硬件组成及关系

在整个产品的硬件部分中主要有哪些部件，以及对各部件之间的关系进行说明。这里可以配上硬件组成的框架图来帮助大家理解，如图4-3所示。

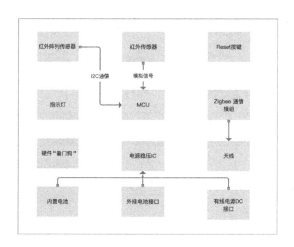

图4-3

（5）功能性需求

描述产品硬件部分的功能性需求，如产品采用什么方式供电，采用什么通信技术、用什么传感器采集什么数据、用什么执行器执行什么指令、用什么处理器处理哪些任务、用什么元器件展示人机交互的信息、在人机交互中接收信息的元器件是什么等。

（6）性能需求

性能需求是指为满足产品需求所需设备需要具备的性能，如产品的待机时长、工作/待机的功耗、数据采集的精度/灵敏度、指令执行的及时性/精准性、通信速率/功耗、处理器的处理速度/数量、产品的使用寿命、环境的适应性等。这里的性能需要根据相应的元器件和功能的要求来确定指标，不同的产品其性能指标也是千差万别的。

（7）接口需求

接口需求是指产品内部、外部的接口需求，如产品内部元器件之间采用的接口和通信协议、产品对外的接口和通信协议。这些接口需要根据元器件之间支持的接口类型及对产品外部接口的需求来确定，同时需要考虑接口和协议的兼容性、可替代性、性能等指标。

（8）储存需求

储存需求是指对产品内部各种存储元器件的性能要求，如空间大小、读写速度、擦写次数、尺寸、接口等。

（9）安全需求

安全需求是指对产品及用户的安全保障需求，对于产品的安全需求主要包括避免自身带来的损坏、环境带来的损坏、人为因素带来的损坏等，对于用户的安全需求则是指产品在各种状态下为了防止给用户带来伤害所需要的保护需求。关于安全需求一方面可以根据产品本身的因素考虑（如用户因素、产品因素），另一方面也可以参考各种认证条件中的安全性要求。

（10）机械、电子设计需求

针对机械部分的要求，如使用寿命、灵活性、部件强度、最大阻力、运动力矩、PCB 板大小与尺寸、装配要求、抗震要求、通风散热等要求。

（11）环境要求

产品需要满足的使用环境的要求，如抗腐蚀性气体/液体的侵害、抗虫蛀、鼠咬的损坏、抗电击的损害，可适应的海拔高度、温度和湿度、电磁环境等要求。不同的产品类型其环境要求也不同，军工、工业、商业、个人这几种类型的性能指标基本是递减的。

（12）设计约束条件

设计约束条件和产品原则的作用相似，两者的区别是产品原则是概念性的，而设计约束条件则是具体的。产品经理在设计产品时会根据产品的目标和特点制定设计的约束条件，如产品的最高成本限制、产品的最高功耗限制、产品效果性能的最低指标等，通过这些限制来具象产品的形态和性能指标。

（13）可生产性需求

产品设计不仅要满足功能和性能的需求，同时也要考虑研发生产时的合理性、高效性、经济性，也就是产品的可生产性。在设计产品时需要考虑产品在生产装配过程中部件之间的配合、定位等方面的问题，保证产品可以快速地、高效地且以最低的成本进行装配生产。产品的部件数量越少、产品结构越简洁、部件安装越方便就越能提高产品的可生产性。

（14）可测试性需求

为了保证产品的质量和可靠性，在研发生产过程中需要对产品进行详尽的、可量化的测试。可测试性是指产品的各项功能、性能都可以被便捷地、全面地测试到位，并在测试中能够迅速而真实地获取产品的各部分状态和相关信息，从而确保产品测试的可行性、完整性和效率。

（15）外购元器件

将已经确定的核心元器件与团队成员进行介绍，提供元器件的型号、元器件功能、技术指标、性能指标等信息，帮助团队快速了解相关元器件的特性和作用。

（16）内部和外部的技术合作

对项目中需要合作的公司内部团队及公司外部团队进行介绍，帮助大家厘清团队之间的合作关系和职责划分，同时介绍相关部门的负责人和对接人，提高团队成员之间的沟通效率。

（17）嵌入式固件要求

对于嵌入式固件的功能和性能的说明，包括业务逻辑方面的处理、远程的配置控制、安全方面的保证机制、设备的 OTA 升级、设备的状态监控、设备的远程代理及设备出现问题后可以自动恢复的"看门狗"程序等。

4.2　产品说明书

产品说明书是用户了解产品最直接、最快速的一种方式，不同的经验、知识、文化、性格、动手能力都会改变用户对产品的使用路径。有些用户会先看说明书，了解一定的使用技巧和注意事项后再开始使用产品，还有一些用户拿到产品直接使用，当遇到问题时才会去翻阅说明书寻找解决问题的方法。这两种不同的用户对说明书的需求是不一样的，但是由于我们无法去判断用户到底是哪种类型的，所以在设计说明书的内容和结构时就要同时进行考虑。

如上所述，从用户使用产品的方法方面可以将用户分为"先看后用"和"先用后看"两种类型。无论哪种类型的用户，产品说明书对他们的作用都是一样的，用户看产品说明书是为了解决在使用产品时遇到的问题，如了解产品的功能、了解产品的使用方法、了解产品的使用安全须知，或者是为了获取产品的售后联系方式。下面我们就来看一下产品说明书需要具备哪些内容，以及其中的注意事项。

（1）产品类别

不同类别的产品在说明书上的内容也是不同的，我们可以将其分为两种类型，一种是以硬件为主的产品，另一种是以软件和内容为主的产品。我们拿手机和智能音箱举例，手机算是以硬件为主的产品，所以在产品宣传中我们看到最多的信息便是关于其硬件配置的。

智能音箱则是以软件和内容为主的产品，所以智能音箱的产品宣传重点则是在功能点和内容丰富度上。说明书中的内容和产品类型也是同样的关系，通常以硬件为主的产品说明书会有大篇幅介绍产品硬件的配置和性能，而以软件和内容为主的产品，更多的是介绍产品的功能点和内容丰富度。因为说明书所承载的信息量是有限的，在给用户传达的信息上我们通常侧重两个方面，一方面是指导用户解决在产品使用过程中遇到的问题，另一方面则是产品特点、产品安全认证和注意事项等方面的说明。

（2）不同的载体

到现在为止，很多产品的说明书还是采用纸质的方式呈现在用户面前，纸质说明书虽然被查看的概率比较高，但是也存在一些问题。例如，很多说明书没有被有效地利用，因为用户很少会保留说明书，所以当日后需要使用时通常是找不到的。基于现在的互联网技术，产品说明书同样也可以以"二维码"的方式存在，也就是将产品说明书放在云端上，用户通过扫描二维码等方式来查看。

产品说明书的二维码笔者在之前的产品设计中使用过，我觉得这种方式还是具备很多优点的，所以在此也推荐大家使用。

① 不怕丢失。这种方式是将二维码直接粘贴或雕刻在产品表面，只要产品还在，用户就能随时查看说明书或其他内容。

② 灵活更新。当说明书的内容需要更新时，我们可以随时更新云端上的产品说明书。

③ 丰富的展现形式。纸质的说明书只能通过图文的方式传递信息，且由于成本和表现形式的限制，很多时候都无法将信息详尽地、高效地展示出来，而通过二维码这种方式我们则可以在网页里通过图文、GIF，以及视频等其他方式来为用户介绍产品或指导用户使用产品。通过 GIF 和视频的方式在信息传达上或用户体验上都会有明显的优势。

④ 节省成本。当去掉或减少了纸质说明书之后就可以为产品节省一部分说明书的成本，如果产品的量比较大，那么这部分的成本也是不小的。

二维码这种方式并非只有优点，缺点同样也是存在的。例如，二维码本身不容易被发现，且很多用户还没有接触过这种形式的说明书，因此需要一定的用户教育成本。使用这种方式的时候需要在明显的地方给用户提示，让其理解通过二维码也可以查看说明书及获取更多的帮助。在用户还没有习惯这种说明书之前，纸质的说明书还是不能完全舍弃，因为在一些关于产品和人身安全的内容上，无论是出于让用户尽量看到的目的，还是为了日后出现问题而规避风险，都需要纸质内容的存在，因此现在纸质的说明书和二维码式的说明书需要同时存在，只不过可以根据实际情况将纸质说明书的部分内容挪到云端上。

（3）编写产品说明书的注意事项

① 明确用户和场景。在编写产品说明书之前，我们需要明确用户是谁和产品使用场景是什么样的。用户和场景不同会影响说明书的内容和形态，如用户是在非移动的桌面环境下阅读产品说明书，那么产品说明书的形态采用常规手册的方式即可。如果使用场景是需要用户移动或说明书可能与用户距离较远时，则需要将说明书的字号增大，采用类似报纸的形态用于增加说明书的可阅读性并减少阅读者翻页的动作。针对不同年龄段的用户也要对文字大小和内容布局等方面进行针对性的调整。从经验角度考虑，不同的用户在说明书的内容上也要有所区别，如果产品是一种常规的产品或用户可能从其他产品上迁移类似的使用经验，那么在内容上就可以简洁一些。如果新品类或与其他同类产品使用方式差别较大，则需要以一种容易理

解的方式向用户提供详细的产品信息，帮助用户理解产品的使用方式和特点。

② 让用户听得懂。对普通用户而言，其通常是不具备与产品相关的专业知识的，因此我们不能按照自己的认知水平去编写产品说明书，而是应该尽量避免使用专业术语，尽可能采用清晰易懂的语言描述产品信息。对于具备专业知识的用户则需尽量使用行业通识的语言描述产品信息，使内容更加简洁高效且准确。俗话说一图胜千言，很多时候示意图更容易让不同文化和经验的人理解。对于那些逻辑复杂、难以用图文描述的内容，选用视频也是一种不错的方式。

③ 标题清晰和适时的异常说明。标题和目录清晰可以帮助用户根据自己的疑惑和需求快速地定位对应的内容。在内容方面正常的操作和流程通常不用重点介绍，需要重点说明的应该是那些异常情况，这些才是对用户作用最大的，因为正常的操作和流程一般用户应该能够通过提示很容易地完成，除非产品设计得非常不友好。

④ 强调重要内容。在涉及安全性或在使用方法和特点上具有独特性和创新性的重要提示信息，产品经理在编写时需要考虑使用信息触达率比较高的方式。例如，内容标红加粗或者特意在前几页单独注明，以及在相应步骤的说明指导内容中多次强调。

（4）认证与奖项

在产品宣传时认证和奖项往往是使用较多的元素，同样这些信息在说明书中也不可缺少，它们的出现可以给用户带来更多的信任和认可，当用户有了这些认知后，很多问题都将不再是问题。

（5）功能介绍与参数

作为产品的设计者，对于怎么使用产品我们是烂熟于心的，但是作为一个未接触过产品的用户而言，他们对产品的功能、使用方式及使用顺序则可能与我们完全不同，因此在做产品内容介绍时可以先找几个普通的用户（如同事）做一些调研或者盲测（只给基本的资料或介绍，可以参考史蒂夫·克鲁格的《点石成金》）。通过观察他们遇到的问题或提出的疑问来了解用户的使用路径和遇到的问题，从而有针对性地做功能介绍和引导，除此之外还需要根据自己的经验来判断用户需要哪些内容。

产品参数是说明书的基本内容之一，编写时要根据产品的类别区分产品参数的重要性，如果重要度较低则可以将其放在说明书的尾部或视情况删节相关的内容。

（6）安全注意事项

在产品使用中为了避免用户的不当操作对产品或人身造成伤害，我们在说明书中必须要注明哪些操作会产生危害，以及明确提示禁止相应的操作。对于一些危害严重或容易触发危害的地方和操作都需要在用户可能操作的地方粘贴提示标识，防止用户忘记或因没有看说明书而做出危害产品和人身的行为。

（7）维护与保修政策

维护与保修政策虽然是基本的内容，但还是需要专门的章节来描述其内容，并对那些不属于保修的范围的事项做详尽的描述，这部分的内容是后期产品出现问题的责任划分依据。

（8）联系渠道

最后需要留下用户进行反馈的渠道，如电话、邮箱或网址等，为了便于了解用户反馈，笔者建议大家可以使用一些在线问题反馈系统，这样我们就可以第一时间获得用户的真实反馈并与用户建立联系。

4.3　售后维修技术手册

售后维修手册是给公司内部售后团队（包括客服、维修工程师）的一个指导手册，用于帮助相关人员快速有效地判断问题，并对产品维修起到指导作用。在编写售后维修手册的时候可以参考工厂的产品维修手册，然后结合公司内部情况进行内容修改即可。下面笔者从几个方面来介绍一下如何编写售后维修技术手册。

（1）产品功能/性能介绍

维修人员在产品生产出来之前一般很少会去接触与产品相关的内容，所以在他们负责产品之初，对产品是不了解的，因此我们需要在文档中对产品功能和性能进行介绍（也会专门开会进行讲解），让他们了解这是一个什么样的产品及产品正常的状态应该是怎样的。在介绍时要讲解清楚这个产品的整个架构（软件和硬件），让其能够理解各个模块之间的关系和相互依赖的条件，这些会在他们判断产品问题时起到重要的作用。在产品功能方面，产品经理要列一个功能列表进行逐个介绍，并描述各个功能，以及在完成功能流程时各部分分别都接收什么数据、执行什么指令等内容。

（2）产品剖析图及元器件的关系

产品剖析图的目的是让维修人员了解产品的组成部分，通过产品的爆炸图及各个部件的拆解图向维修人员介绍各个部件之间的关联和作用。同时也可以结合产品功能进行结合讲解，使维修人员既可以了解产品功能又可以了解实现对应功能的部件是什么样子的、在什么位置安装。

电子元器件也可以通过这种方式进行介绍，当然这么多元器件我们无法做到一一详解，所以我们主要介绍的是产品的核心元器件，如传感部件、执行部件、处理部件、显示部件、各种按钮开关，以及电源处理等部分。在介绍这些元器件的同时讲解它们的相互依赖关系，以及相应部件出现问题后的表现是怎样的，这将会是维修人员判断问题的依据。

通过一步一步对实物进行拆解的方式向维修人员介绍产品的拆解过程，对于那些隐藏的固定点或卡扣需要注明位置及发力点和技巧，避免维修人员出现暴力拆除的情况。不仅拆解要一步一步地做详细的标记，在安装时更要按照流程和步骤进行详细说明，对产品安装顺序和螺丝扭矩及特殊的点进行描述，避免因力矩过大导致滑丝、力矩过小导致固定不牢、用错螺丝拧坏支架及用错相似的部件等情况。

（3）常见问题判断表

在工厂进行生产或产品的内测阶段我们会收集到一些问题，这些问题可能是产品的质量问题，也有可能是用户操作不当造成的。我们需要把这些问题整理成一个常见问题表，用于后期问题的判断和参考，如表 4-1 所示。

表 4-1　常见问题表

问题类别	序号	问题表现	问题关键词	可能因素	诊断方法	维修方案	备注说明

此表的作用是为了帮助维修人员快速判断问题，通过问题关键词和类别进行快速定位，然后根据有可能的因素进行测试排除，最后得到解决方案。这个表建议使用在线文档的方式来做，以便及时更新问题库及方便成员查看和在线沟通。

（4）问题反馈机制

产品经理不会把太多的精力放在售后阶段，但还是要去收集用户的反馈。因为很多的场景是我们在测试或进行方案设计时无法完全考虑到的，因此用户的反馈可以帮助我们对产品进行优化改进并验证产品的设计是否有纰漏。除了可以通过在线系统获取用户的直接反馈，还可以通过售后团队这个高质量的窗口获取用户反馈。

4.4　产品培训

在产品的整个生命周期中产品经理主要负责的是产品从一个想法到生产出货的过程，后面的销售、服务等阶段就交给相应的团队来负责了。因此在产品推向市场之前，产品经理需要对相应的团队进行产品培训，使他们可以像我们一样了解这个产品，从而帮助他们进行产品的推广销售及更好地服务客户。

产品培训文档是用于对团队进行产品培训的一个载体，通常是以 PPT 加文档资料的方式呈现，在做产品培训时我们需要利用 PPT 等资料对团队成员进行产品的培训。产品培训的受众可以是公司的所有人，正是因为受众的多样化，所以产品培训及其文档将是对产品最全面的介绍和解读。产品培训文档如图 4-4 所示。

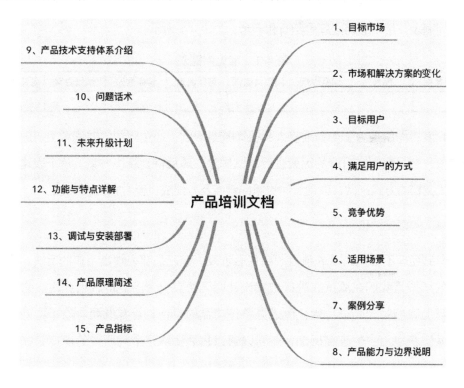

图 4-4

注：1~7 为商务人员、市场人员、领导等较为注重的部分，8~11 是这两类同事都会注重的部分，12~15 为售后人员与技术支持人员较为注重的部分。

根据不同受众的职能特点我们可以将其分为两类，一类是关注市场行情和产品价值的人员，另一类是关注产品如何使用及如何维护的人员，产品培训文档则是我们根据相应团队各自的需求整理出来的介绍文档，这个文档包含了从为什么要做这个产品到如何使用产品的全过程。下面各项内容并非按照严格的先后顺序罗列，因此在顺序上大家可以根据自己的需要进行安排。

对于市场人员、销售人员和领导来说，他们并不太在乎产品具体的使用细节，他们更在乎的是产品的目标市场、产品的价值及产品的优势。因为他们的主要目的是卖出更多的产品，因此我们下面对他们感兴趣的内容进行介绍。

（1）目标市场

目标市场是指具备相同需求或特征的行业和群体，根据不同的区别与特征可以将其进一步细分。产品的目标市场，是在一个大市场内根据一定特征细分下来的垂直市场。确定产品的目标市场要基于某些限定条件，如用户的区别、功能的满足度、性能的高低、满足需求的方式等。我们给团队成员讲解产品的目标市场就是为了先从宏观的大方向上告诉团队成员，我们的产品所满足的用户群体和需求特性是什么样的，使其可以对产品建立起一个宏观的认识，从而更加容易理解产品的由来和目标。在描述目标市场时可以先对不同层级的市场进行分层，再进行简单的介绍，然后针对产品的目标市场进行详细介绍，如目标市场和其他市场的关系和区别，以及目标市场在需求、功能、性能、用户等方面的特性。

（2）市场和解决方案的变化

当我们了解了产品的目标市场之后，产品经理需要对目标市场和同类产品的发展进行介绍，如目标市场的变化趋势和解决方案的变化等。我们可从市场大小、市场需求、产品价值、市场价值的变化等方面对市场进行介绍，介绍这方面的信息是为了告诉大家，我们这个产品的市场有多广阔，能够给公司带来多大的收益，从而提起大家对产品的兴趣。介绍完市场后就需要介绍当前市场的解决方案或有哪些产品，以及这些产品在需求满足度、功能完善度、产品体验性、产品成本、产品的优势与劣势等方面的区别。这是为了让大家能够了解相关问题的解决方案，以便在后面介绍自家产品时大家心里能有个对比的标准，从而也更加容易认识到自家产品的优势与劣势及与同类产品的区别是什么。

（3）目标用户

目标用户是指符合目标市场特征的用户群体，通过对他们的特征和需求的介绍，可以帮助市场人员和销售人员判断我们的产品是否适合某些用户。对于目标用户的介绍可以从用户的个体属性、使用中的环境因素及基于个人和环境所产生的需求这三方面来讲，通过这三方面的讲解可以让大家了解我们的目标用户是什么人、他们在什么环境下会产生什么样的需求，以及这些需求本身的特性和区别。

（4）满足用户的方式

在知道目标市场和目标用户之后，我们就需要让大家知道当前市场上能满足用户的方式有哪些。同样的需求在同类产品中可能存在不同的满足方案，这主要包括技术解决方案及产品服务体系。不同的技术解决方案可能在实现原理、实现效果、方案性能、方案成本等方面存在着区别。对于这些方案，产品经理要讲解清楚不同方案的区别点是什么、它们对满足用户需求有哪些影响，以及不同方案适用的用户和需求是什么。这些将会在相关人员向用户介绍、推销产品时有很大帮助，毕竟用户不了解各种方案的区别及适用自己的方案是什么，这时如果销售人员能从用户的角度对其需求进行分析并推荐适合的方案，那么肯定能得到用户的信任，也就更加容易促成交易。很多产品并非只是卖产品本身，有时还会售卖相关的服务，如对产品的运维服务、安装服务、数据分析服务等。这些服务也是满足用户需求的一个环节，它们也影响着用户体验和产品的竞争力。

（5）竞争优势

产品想要成功就一定要具备足够的竞争优势，我们在前面给市场人员和销售人员讲了这么多的背景知识其实都只是刀身而已，对他们而言，只有足够了解产品的竞争优势才是真正拿到了刀刃。在产品的竞争优势方面，我们可以从两个方面进行讲解分析，一方面是介绍自己产品的方案及其特点和优点，如产品的技术方案和原理是怎样的、这种方案具备什么特点和优点、对于用户来讲产品有哪些优点等。另一方面就是与同类产品进行对比，如在产品功能上的对比、性能的对比、体验的对比、成本的对比等。不同的产品类型在做对时所涉及的因素也是不同的，具体对比项需要大家视产品而定。

（6）适用场景

每个产品都不是万能的，所以我们需要根据产品的实际能力来给大家讲解产品适用的场景是什么样的。场景主要包含时间、地点、环境、人物、事件、情境、组织流程等方面的因素。C 端产品更加注重的是和人有关的因素，如地点、人物、事件、情境甚至是心理方面的因素，而 B 端产品则更加注重的是场景、地点、任务和组织流程等方面的因素。不同的产品所重视的因素是不同的，因此我们在介绍产品适用场景时需要先识别出影响产品的因素有哪些，以及这些因素对产品的影响是什么，然后根据这些因素列举出产品适用和不适用的场景分别是什么，并解释其原因。在这方面业务人员如果不是很熟悉的话，在日后的推销中很容易夸大产品的作用，到最后不是给产品经理挖坑就是降低了用户对公司和产品的信任度。

（7）案例分享

产品案例的分享主要是向市场人员和销售人员表明我们的产品在真实的场景中是有价值的，基于这个目标我们就需要从案例的背景和产品的效果这两方面来讲了。案例背景可以从客户的场景和目标进行讲解，如产品在什么场景下完成什么任务，并达到怎样的效果。同时也可以讲解一下客户为什么在众多的方案和同类产品中选择了我们的产品、产品打动客户的点是什么、为什么这个点会打动客户。最后则是讲解产品满足用户目标的程度了，产品是很好地满足了用户的需求还是在某些方面有所欠缺。

通常在案例分享时我们都是选择效果好的案例进行分享，这样既能提高大家的信心又能再次强调产品的适用场景等内容。不过也可以适当加一些效果不好的案例来分享，从而提高团队人员的分析能力。

（8）产品能力边界的说明

产品的目标市场和定位有时区分的主要因素就是产品能力的覆盖范围和覆盖深度，所以和大家讲解产品的能力边界一方面是重申产品的目标市场和定位，另一方面则是通过案例、功能和性能指标对产品能力进行详细讲解。和使用场景一样，产品能力边界的说明很大一部分是为了告诉大家产品能满足什么需求、不能满足什么需求、在推销时心里要有底线，不要给用户许下无法兑现的诺言，或因为不了解产品的能力而错失单子。

（9）产品技术支持体系介绍

产品在销售和使用过程中会产生一些问题，因此在公司内部要有一套完整的支持体系帮助销售团队和用户高效快速地解决问题，给销售人员提供有力的技术支撑及为用户提供良好的使用体验。一般公司内部如果已有产品正常在售的话，那么就应该有完整的技术支持体系，如果没有，则需要根据公司情况去沟通协调，来搭建对应的技术支持体系。在进行产品培训时我们需要和所有人介绍清楚技术支持团队人员的组成及各种问题的类别和相应的负责人，如用户和销售人员的问题分别由哪个部门来负责、当遇到一线的技术支持解决不了的问题时通过什么渠道反馈到生产研发部门，以及生产研发部门的对接人是谁等。

很多销售人员因为重视客户，在出了问题之后往往喜欢直接找到生产研发人员去解决。但是产品部门的团队成员很少有精力去做这些事情，因此就需要产品经理在做产品培训时和市场人员和销售人员讲清楚什么样的问题找技术支持、什么样的问题可以找生产研发部门的人员，从而引导大家按照合理的途径反馈问题，提高各团队的效率。

（10）问题话术

在进行产品推广和销售时，市场人员和销售人员需要解答用户和客户的各种问题，在产品培训中我们介绍的各种内容就是他们回答的依据，除此之外，我们还可以尽量全面地准备一些关于产品问题的回答话术供他们参考。这些问题我们可以从同事及用户那里搜集并解答，然后整理成相关列表发给市场人员和销售人员。

（11）未来升级计划

产品培训通常是在第一版产品即将上市的时候进行的，很多时候第一版产品在功能上并未开发完毕，后续会在版本迭代中逐步完善。针对这种未完成的或还在计划中的功能我们可以先和大家透露一下，这样可以让大家知道产品后面还将具备哪些能力，给大家带来更多的期待，同时这些也可能在产品推销时成为宣传的点。

（12）功能与特点详解

主要是以资料和实操相结合的方式来详细介绍产品的功能与特点，让大家知道产品是什么样的及如何使用。在做这部分介绍的时候产品经理可以列个功能表，然后按照表格以资料介绍加实操演示的方式为大家进行详细的讲解演示，除了介绍和演示，还需要让大家进行实操体验。

在产品特点方面，我们可以在功能详解或实操时给大家多次强调，有助于大家牢牢地记住产品的特点及其竞争力。

（13）调试与安装部署

安装调试其实也可以包含在实操中，不过有些产品的安装调试是一个十分具备技术含量的活，如果安装调试不合格就很有可能导致产品无法达到最好的性能，甚至在使用中出现问题，因此针对这种产品就需要对安装调试进行单独的、详细的介绍。介绍主要包括安装调试所需的工具和软件、流程和步骤、注意事项、检验方式及验收标准等方面的内容。

（14）产品原理简述

产品原理介绍主要是给技术支持人员和售后人员讲的，为的是方便他们理解产品的组成和原理及在出现问题后可以精准地判断问题所在。不同的产品，其原理也是千差万别的，但是我们可以抽象一点，从数据采集、数据通信、处理计算、指令执行这四大方面进行介绍。

例如，在数据采集方面是通过什么设备采集的数据、这种设备有哪些特性和性能指标、不同的特性和指标有什么作用和影响等。在数据通信方面采用的什么通信技术，为什么，通信技术的特点是什么等。在处理计算方面可以讲解云端和本地分别处理什么业务、数据处理的性能等指标是怎样的。在指令执行方面则可以讲解执行设备是什么、设备的各项指标和性能如何，以及它的执行原理等。

在原理方面有很多都是技术问题，所以并不是所有人都能理解的，尤其是市场人员和销售的人员，因此在介绍原理时我们除了正确地介绍原理，还要举一些接近生活且容易理解的例子来帮助大家理解技术和原理层面的知识。

（15）产品指标

产品指标主要分为两部分，一部分是有关产品实体或技术方面的指标，另一部分是有关功能和性能的指标。后者在前面各项介绍中一般都会提起，所以在此不做介绍也是可以的，当然最后再总结介绍一下也没什么坏处。

有关产品实体和技术方面的介绍主要可以从产品的尺寸、重量、工艺、外观与手感、品质质量、防护性能、安规指标等方面进行。通过这些方面的介绍，让大家对产品有更加全面的认识。

反侵权盗版声明

电子工业出版社依法对本作品享有专有出版权。任何未经权利人书面许可，复制、销售或通过信息网络传播本作品的行为；歪曲、篡改、剽窃本作品的行为，均违反《中华人民共和国著作权法》，其行为人应承担相应的民事责任和行政责任，构成犯罪的，将被依法追究刑事责任。

为了维护市场秩序，保护权利人的合法权益，我社将依法查处和打击侵权盗版的单位和个人。欢迎社会各界人士积极举报侵权盗版行为，本社将奖励举报有功人员，并保证举报人的信息不被泄露。

举报电话：（010）88254396；（010）88258888

传　　真：（010）88254397

E-mail:　dbqq@phei.com.cn

通信地址：北京市万寿路 173 信箱

　　　　　电子工业出版社总编办公室

邮　　编：100036